AI 驱动创意制造与设计

# AI赋能
# SketchUp
## 建筑智能化设计
（SketchUp 2024）（视频教学版）

董周 何凤 编著

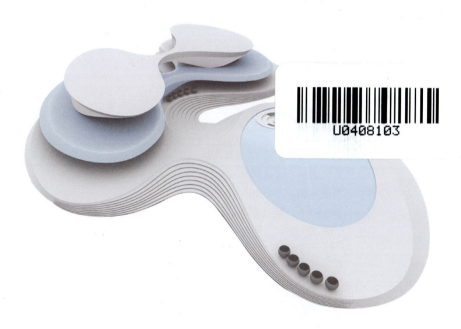

人民邮电出版社

北京

图书在版编目（CIP）数据

AI赋能SketchUp建筑智能化设计：SketchUp 2024：视频教学版 / 董周，何凤编著. -- 北京：人民邮电出版社，2025. -- (AI驱动创意制造与设计). -- ISBN 978-7-115-66320-7

Ⅰ.TU201.4

中国国家版本馆CIP数据核字第2025FP2089号

## 内 容 提 要

本书全面系统地介绍SketchUp 2024的基本操作方法与高级应用技巧，同时深入探讨如何将人工智能（Artificial Intelligence，AI）技术融入SketchUp设计之中，以实现"以人为本"的智能设计理念。

本书共分为7章，内容遵循由浅入深的原则进行编排，从SketchUp建模基础知识到AI应用的实战案例，逐步引导读者掌握核心技能。书中不仅对SketchUp 2024的全新功能进行深入解读，系统地介绍其基础操作方法和高级应用技巧，还详细阐述AI辅助设计的方法与技巧。

本书既可以作为建筑学、城市规划、环境艺术、园林景观等课程的SketchUp教材，也可以作为建筑设计、园林设计、规划设计等相关行业从业人员的自学参考书。

◆ 编　著　董周　何凤
　　责任编辑　李永涛
　　责任印制　王郁　胡南

◆ 人民邮电出版社出版发行　北京市丰台区成寿寺路11号
　　邮编　100164　电子邮件　315@ptpress.com.cn
　　网址　https://www.ptpress.com.cn
　　优奇仕印刷河北有限公司印刷

◆ 开本：700×1000　1/16
　　印张：11.25　　2025年4月第1版
　　字数：217千字　2025年4月河北第1次印刷

定价：69.90元

读者服务热线：(010)81055410　印装质量热线：(010)81055316
反盗版热线：(010)81055315

# 前言

SketchUp 是一款三维建模软件，专为优化设计流程而打造。它将传统手绘草图的直观性与自由度，同现代计算机技术的高效性与精确性巧妙结合起来，被誉为电子设计中的铅笔。

在实际设计中，设计师经常面临的一个问题是难以使用现有的复杂 3D 软件快速捕捉设计灵感并实时与客户分享，只能依赖初期的手绘概念设计。这不仅限制了设计师能力的发挥，也降低了他们的设计效率。SketchUp 的出现解决了这个问题，其核心优势是建模速度快，能跟上甚至超越设计师的思维速度，从而让构思阶段的设计工作更加流畅。

本书共 7 章，涵盖 SketchUp 2024 的基本操作方法与高级应用技巧，同时详细讲解如何在 SketchUp 的设计中融入 AI 技术。

- 第 1 章：主要介绍 SketchUp 的基本情况和基础操作，同时初步探讨 AI 辅助设计在 SketchUp 中的一些应用场景和案例。
- 第 2 章：主要介绍 SketchUp 中绘图工具和编辑工具的使用方法，并讲解模型的组织和布尔运算。
- 第 3 章：主要介绍 SketchUp 材质与贴图在建筑模型中的应用。
- 第 4 章：介绍如何利用 AI 技术改进和优化建筑设计流程，以帮助建筑师和设计师提升设计的效率和创新性。
- 第 5 章：探讨 AI 技术在场景渲染领域的应用，包括 V-Ray 渲染器的应用方法和案例，以及其他场景渲染和生成式渲染工具的基本用法。
- 第 6 章：深入探讨 AI 技术在建筑方案设计中的辅助作用，包括建筑方案、规划、立面图以及室内等方面的设计。
- 第 7 章：主要介绍 AI 技术在建筑模型设计中的辅助作用，包括生成式 AI 的 3D 模型设计和基于 Hypar 的 BIM 建筑设计。

## 前言

本书由广西职业技术学院的董周老师与何凤老师共同编著。

感谢您选择本书,我们诚挚地期望,通过我们的不懈努力,能够为您的工作与学习带来一定的帮助。鉴于作者的能力所限,加之成书时间紧迫,书中难免存在不足之处,我们恳请广大读者及专业人士不吝赐教,提出宝贵的批评与建议!电子邮箱:shejizhimen@163.com(作者)。

编著者
2025 年 1 月

# 资源与支持

## 资源获取

本书提供如下资源。
- 本书思维导图。
- 异步社区 7 天 VIP 会员。
- 本书实例的素材文件、结果文件及实例操作的视频教学文件。

要获得以上资源,您可以扫描右侧二维码,根据指引领取。

## 提交勘误

作者和编辑尽最大努力来确保书中内容的准确性,但难免会存在疏漏。欢迎您将发现的问题反馈给我们,帮助我们提升图书的质量。

当您发现错误时,请登录异步社区(https://www.epubit.com),按书名搜索,进入本书页面,单击"发表勘误",输入勘误信息,单击"提交勘误"按钮即可(见下图)。本书的作者和编辑会对您提交的勘误进行审核,确认并接受后,您将获赠异步社区的 100 积分。积分可用于在异步社区兑换优惠券、样书或奖品。

## 与我们联系

我们的联系邮箱是 liyongtao@ptpress.com.cn。

如果您对本书有任何疑问或建议，请您发邮件给我们，并请在邮件标题中注明本书书名，以便我们更高效地做出反馈。

如果您有兴趣出版图书、录制教学视频，或者参与图书翻译、技术审校等工作，可以发邮件给我们。

如果您所在的学校、培训机构或企业想批量购买本书或异步社区出版的其他图书，也可以发邮件给我们。

如果您在网上发现有针对异步社区出品图书的各种形式的盗版行为，包括对图书全部或部分内容的非授权传播，请您将怀疑有侵权行为的链接发邮件给我们。您的这一举动是对作者权益的保护，也是我们持续为您提供有价值的内容的动力之源。

## 关于异步社区和异步图书

"异步社区"（www.epubit.com）是由人民邮电出版社创办的IT专业图书社区，于2015年8月上线运营，致力于优质内容的出版和分享，为读者提供高品质的学习内容，为作译者提供专业的出版服务，实现作译者与读者在线交流互动，以及传统出版与数字出版的融合发展。

"异步图书"是异步社区策划出版的精品IT图书的品牌，依托于人民邮电出版社在计算机图书领域40多年的发展与积淀。异步图书面向IT行业以及各行业使用IT的用户。

# 目录

## 第 1 章　SketchUp 与 AI 辅助设计入门　001

1.1　SketchUp 概述　001
　1.1.1　SketchUp 2024 的特点和优势　001
　1.1.2　SketchUp 的应用　002
　1.1.3　SketchUp 2024 的工作界面　002
1.2　AI 辅助设计在 SketchUp 中的应用初探　004
1.3　文件与数据的管理　005
　1.3.1　文件模板　005
　1.3.2　文件的打开 / 保存与导入 / 导出　006
　1.3.3　获取与共享模型　007
1.4　视图操控　009
　1.4.1　切换视图　010
　1.4.2　环绕观察　011
　1.4.3　平移和缩放　011
1.5　对象选择技巧　013
　1.5.1　一般选择　013
　1.5.2　框选与窗选　014

## 第 2 章　模型的创建与编辑　017

2.1　绘图工具　017
　2.1.1　【直线】工具　017
　2.1.2　【手绘线】工具　019
　2.1.3　【矩形】工具和【旋转长方形】工具　020
　2.1.4　【圆】工具　022
　2.1.5　【多边形】工具　022
　2.1.6　绘制圆弧　023
2.2　编辑工具　025
　2.2.1　【移动】工具　025
　2.2.2　【推 / 拉】工具　027
　2.2.3　【旋转】工具　030
　2.2.4　【路径跟随】工具　031
　2.2.5　【比例】工具　033
　2.2.6　【镜像】工具　034
　2.2.7　【偏移】工具　036
2.3　组织模型　037
　2.3.1　创建组件　037
　2.3.2　创建群组　038
　2.3.3　组件、群组的编辑和操作　039

| 2.4 | 模型的布尔运算 | 041 | 2.4.6 【拆分】工具 | 044 |
| --- | --- | --- | --- | --- |
| 2.4.1 | 【实体外壳】工具 | 042 | 2.5 照片匹配建模 | 045 |
| 2.4.2 | 【交集】工具 | 042 | 2.6 综合案例 | 047 |
| 2.4.3 | 【并集】工具 | 043 | 2.6.1 案例1：创建圆弧镂空墙体 | 047 |
| 2.4.4 | 【差集】工具 | 043 | 2.6.2 案例2：创建小房子 | 050 |
| 2.4.5 | 【修剪】工具 | 044 | | |

## 第 3 章　应用材质与贴图　　054

| 3.1 | 应用材质 | 054 | 3.3 综合案例 | 066 |
| --- | --- | --- | --- | --- |
| 3.2 | 应用贴图 | 058 | 3.3.1 案例1：填充房屋材质 | 066 |
| 3.2.1 | 固定图钉模式 | 058 | 3.3.2 案例2：创建瓷盘贴图 | 068 |
| 3.2.2 | 自由图钉模式 | 059 | 3.3.3 案例3：创建台灯贴图 | 070 |
| 3.2.3 | 贴图技法 | 059 | 3.3.4 案例4：创建花瓶贴图 | 071 |

## 第 4 章　AI 辅助智能插件设计　　074

| 4.1 | SketchUp 插件简介 | 074 | 4.2.1 利用 ChatGPT 生成 Ruby 代码创建和更改模型 | 080 |
| --- | --- | --- | --- | --- |
| 4.1.1 | 到扩展程序商店下载插件 | 074 | 4.2.2 利用 ChatGPT 生成 Ruby 代码来随机布局植物 | 083 |
| 4.1.2 | SUAPP 插件库 | 076 | 4.2.3 轻松制作自定义的插件 | 085 |
| 4.2 | 基于 AI 的插件设计方法 | 079 | | |

## 第 5 章　AI 辅助场景渲染　　088

| 5.1 | V-Ray for SketchUp 渲染器简介 | 088 | 5.3.1 ArkoAI 场景渲染 | 098 |
| --- | --- | --- | --- | --- |
| 5.1.1 | V-Ray 的优点和材质分类 | 088 | 5.3.2 Veras 智能渲染 | 103 |
| 5.1.2 | V-Ray 的渲染工具栏 | 090 | 5.4 AI 生成式渲染 | 107 |
| 5.2 | V-Ray 渲染应用案例 | 091 | 5.4.1 AI 生成式渲染工具——SUAPP AIR 灵感渲染 | 108 |
| 5.2.1 | 创建场景和布光 | 092 | 5.4.2 SUAPP AIR 灵感渲染应用案例 | 109 |
| 5.2.2 | 渲染及效果图处理 | 096 | | |
| 5.3 | AI 场景渲染 | 098 | | |

## 第 6 章　AI 辅助建筑方案设计　　114

| 6.1 | AI 辅助建筑方案设计概述 | 114 | 6.1.1 建筑方案设计内容 | 114 |
| --- | --- | --- | --- | --- |

6.1.2　AI 辅助设计工具和插件　115
6.2　AI 辅助建筑规划设计　116
　　6.2.1　AI 辅助生成彩色总平面图　117
　　6.2.2　AI 辅助生成手绘建筑线稿图　121
　　6.2.3　AI 辅助鸟瞰图设计　124
6.3　AI 辅助生成建筑效果图　126
　　6.3.1　生成建筑效果图　126
　　6.3.2　AI 扩展图像　130
6.4　AI 辅助室内设计　134

# 第 7 章　AI 辅助建筑模型设计　140

7.1　AI 辅助 SketchUp 建筑设计概述　140
7.2　基于生成式 AI 的 3D 模型设计　142
　　7.2.1　基于文本的 3D 模型生成——Sloyd AI　142
　　7.2.2　基于图像的 3D 模型生成——CADMAPPER　146
　　7.2.3　基于模型的 3D 模型重建——Magiz　149
7.3　基于 Hypar 的 BIM 建筑设计　151
　　7.3.1　Hypar 云平台简介　152
　　7.3.2　Hypar 云平台的基本操作　155
　　7.3.3　基于 Hypar 的 BIM 建筑设计案例　162

# 第 1 章　SketchUp 与 AI 辅助设计入门

本章主要介绍 SketchUp 的概况，如特点、优势和应用领域等，以及 AI 辅助设计在 SketchUp 中的一些应用场景和案例。同时还介绍了 SketchUp 的基本操作，如文件和数据的管理、视图操控、对象选择等。

## 1.1　SketchUp 概述

在 20 多年的发展历程中，SketchUp 不断完善功能、提升性能、改善用户体验，已经成为全球范围内非常受欢迎的 3D 建模软件之一。它以简单易用、直观高效的特点赢得了众多用户的青睐，被广泛应用于建筑设计、室内设计、游戏开发、电影制作等领域。

### 1.1.1　SketchUp 2024 的特点和优势

SketchUp 2024 具有卓越的建模效率、真实的渲染效果、强大的扩展性以及出色的兼容性等优势，能够帮助用户快速制作出高质量的 3D 模型和效果图，从而提高工作效率和设计表现力。

相比之前的版本，SketchUp 2024 的性能有了诸多改进和优化。以下是 SketchUp 2024 的一些主要特点和优势。

- 卓越的建模效率：SketchUp 2024 提供了丰富的建模工具和直观的操作方式，可以快速创建和编辑 3D 模型。
- 出众的建模精度：SketchUp 2024 具有精确的尺寸标注和参数化建模功能，可以创建高精度的 3D 模型。
- 丰富的材质和贴图：SketchUp 2024 内置了大量的材质和贴图，并支持自定义材质，可以让模型更加逼真。
- 高质量的渲染效果：SketchUp 2024 集成了高质量的实时渲染器，可以生成逼真的渲染效果图。
- 强大的扩展性：SketchUp 2024 支持各种第三方插件，可以扩展软件的功能，满足不同行业和应用的需求。

- 出色的兼容性：SketchUp 2024 不仅可以与目前主流的 BIM 软件进行数据交换，实现协同设计和工作流程的整合，而且支持多种操作系统。
- 强劲的性能：SketchUp 2024 在性能方面进行了增强，支持更大、更复杂的模型，运行更加流畅。
- 友好的用户界面：SketchUp 2024 的用户界面设计简洁、明了，各项功能一目了然，即使是新手也能快速上手。
- 丰富的学习资源：SketchUp 官方网站为用户提供了大量的教程、视频、案例等学习资源。

### 1.1.2  SketchUp 的应用

SketchUp 凭借其易用性、灵活性和强大的功能，在诸多行业中得到了广泛应用。以下是 SketchUp 在各个行业的典型应用。

- 建筑设计：SketchUp 可以用于建筑物的概念设计、方案设计和施工图设计，帮助建筑师快速创建和评估设计方案。
- 室内设计：室内设计师可以使用 SketchUp 进行空间布局、家具摆放、材质选择等设计工作，并制作逼真的效果图。
- 景观设计：SketchUp 可以用于园林景观的设计，帮助设计师规划空间布局、模拟植被生长等。
- 工业设计：工业设计师可以使用 SketchUp 进行产品设计、结构设计和外观设计，并与其他设计软件进行数据交换和协同工作。
- 游戏开发：游戏开发者可以使用 SketchUp 快速创建游戏场景和物体模型，并将它们导入游戏引擎中进行开发。
- 电影和动画制作：SketchUp 可以用于电影和动画的前期概念设计、场景搭建和道具模型制作，提高制作效率。
- 展览展示设计：展览展示设计师可以使用 SketchUp 规划展厅布局，设计展台和展品，并制作逼真的效果图。
- 教学和培训：SketchUp 可以用于建筑、设计等专业的教学和培训，帮助学生理解和掌握设计原理和方法。
- 数字化文物保护：SketchUp 可以用于历史建筑、文物的数字化建模和重建，助力文化遗产的保护和传承。
- 网页 3D 展示：SketchUp 可以将 3D 模型导出为网页兼容的格式文件，用于产品展示、虚拟展厅等网页 3D 交互应用。

### 1.1.3  SketchUp 2024 的工作界面

启动 SketchUp 2024，首先弹出的是【欢迎使用 SketchUp】对话框，如图 1-1 所

## 1.1 SketchUp 概述

示。在对话框中选择【建筑 - 毫米】模板（也可选择通用模板【简单 - 米】），即可进入 SketchUp 2024 的工作界面，如图 1-2 所示。

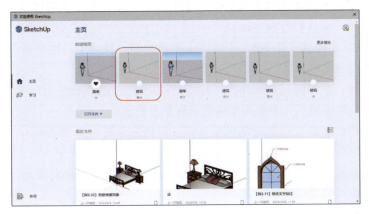

图 1-1

> **提示：**【欢迎使用 SketchUp】对话框在启动 SketchUp 2024 时会自动显示，关闭该对话框后，也可以在 SketchUp 2024 的菜单栏中执行【帮助】/【欢迎使用 SketchUp】命令重新打开该对话框。

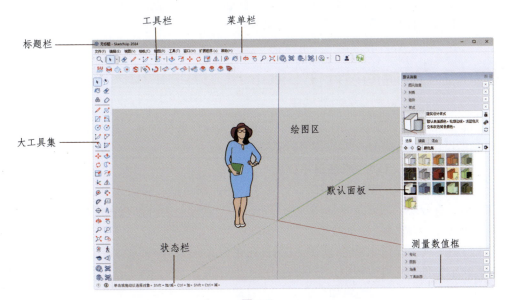

图 1-2

SketchUp 2024 的工作界面主要由标题栏、菜单栏、工具栏、绘图区、状态栏、测量数值框、大工具集和默认面板等组成。

- 标题栏：标题栏位于工作界面的顶部，包含标准窗口控件、模型名称以及软件版本号等。
- 菜单栏：菜单栏包含 SketchUp 的大多数命令和设置的菜单，包括【文件】【编辑】、【视图】、【相机】、【绘图】、【工具】、【窗口】、【扩展程序】和【帮助】。
- 工具栏：工具栏存放 SketchUp 的常用工具，新打开模型时默认显示【标准】工具栏、【样式】工具栏、【视图】工具栏等。其余工具栏可通过视图菜单命令来激活显示。
- 绘图区：绘图区是 SketchUp 创建模型的区域，该区域的 3D 空间通过绘图轴标识，绘图轴是 3 条互相垂直且带有颜色的直线。
- 状态栏：状态栏位于绘图区左下方，包括命令提示和 SketchUp 的状态信息，这些信息主要是对命令的描述。
- 测量数值框：测量数值框位于绘图区右下方，可以显示对象的尺寸信息，也可以输入相应对象的数值。
- 大工具集：大工具集位于工作界面的左侧，集中放置建模时所需的工具。在菜单栏中选择【视图】/【工具栏】命令，打开【工具栏】对话框，在【工具栏】选项卡中勾选所需的工具栏复选框，再单击【关闭】按钮，即可在大工具集中添加所需的工具栏。
- 默认面板：默认面板也称属性面板，位于绘图区右侧，用来显示各种属性卷展栏。SketchUp 中场景和模型对象的属性设置包括图元信息、材质、组件、样式、标记（图层）、阴影及场景等。

## 1.2 AI 辅助设计在 SketchUp 中的应用初探

随着 AI 技术的发展，AI 辅助设计逐渐成为设计软件的重要发展方向。以下是 AI 辅助设计在 SketchUp 中的一些应用场景和案例。

### 一、利用 AI 自动生成建筑平面图

AI 可以根据用户输入的建筑设计要求，如建筑面积、房间数量、功能分区等，自动生成符合要求的建筑平面图。用户可以在此基础上进行修改和优化，从而大大提高建筑设计的效率。

应用案例：Finch 3D（目前该 AI 插件还在测试阶段，未开放）是一款基于 AI 的 SketchUp 插件，它可以根据用户的输入自动生成住宅、办公楼等建筑的平面图和 3D 模型，并支持用户进行编辑和自定义。

### 二、AI 辅助家具与室内设计

AI 可以根据室内空间的尺寸、风格、功能等要求，自动推荐合适的家具摆放方案和装修材料，帮助室内设计师快速完成设计方案。

应用案例：SketchUp 的插件 SUAPP-AIR 灵感渲染利用 AI 算法，可以根据用户

输入的房间尺寸和风格偏好，自动生成家具布局和装修方案，并提供逼真的 3D 渲染效果。

**三、运用 AI 优化场景布局与空间利用**

AI 可以分析场景中的物体布局和空间利用情况，并给出优化建议，如调整家具摆放、优化动线、提高空间利用率等，帮助设计师创造更加合理和高效的空间布局。

应用案例：SketchUp 的插件 TestFit 利用机器学习算法，可以分析模型中的空间布局，并提供优化建议，如调整房间尺寸、优化家具布局等，帮助设计师提升空间利用率。

**四、借助 AI 进行设计方案评估和选择**

AI 可以根据设计目标和评估标准，对多个设计方案进行综合评估和打分，并给出优化建议，帮助设计师选择最优方案。

应用案例：SketchUp 的插件 Sefaira、Spacemaker 和 Archistar 可以对建筑设计方案进行能耗分析、日照分析、通风分析等，并给出优化建议，帮助设计师选择性能最优的方案。

**五、利用 AI 辅助建筑规划及建筑设计**

AI 可以根据用户输入的有关城市设计的关键参数（如街区尺寸、建筑高度、建筑密度等），自动生成相应的城市建筑模型。用户可以在此基础上实时调整参数，生成多个方案。

应用案例：CADMAPPER 是一款利用地图数据快速建立城市建筑 3D 模型的强大工具，可快速生成 SketchUp 建筑模型。

## 1.3 文件与数据的管理

对初次使用 SketchUp 的用户来说，构建合理的绘图环境、导入/导出数据文件、获取外部数据及模型等基本操作都是相当重要的。掌握这些操作是成为优秀设计师的先决条件。

### 1.3.1 文件模板

SketchUp 的文件模板是包含完整图形信息的文件，其中有许多方面的信息，如图层、页面视图、尺寸标注及文字、单位、地理位置、动画设置、统计数据、文件设置、渲染设置及组件设置等信息。

在【欢迎使用 SketchUp】对话框中选择【更多模板】选项，会展开显示 SketchUp 提供的所有模板。也可以在 SketchUp 工作界面选择菜单栏中的【从模板新建】命令，打开【选择模板】对话框，从中选择合适的模板。

SketchUp 的模板包括简单模板、建筑模板、平面图模板、城市规划模板、横向（景观设计）模板、木工模板、内部（室内和产品设计）模板、3D 打印模板等，如图 1-3 所示。

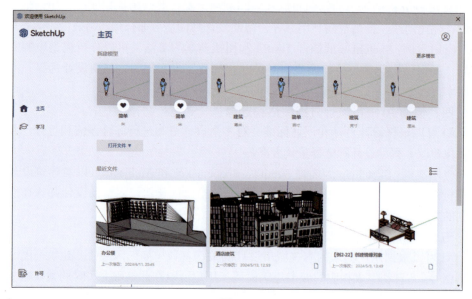

图 1-3

在 SketchUp 中做项目设计时，要选择对应的模板。当选择一个模板并进入工作界面后，必须进行模型信息的更改及系统配置，以使其符合项目设计要求。

合理选择模板后，如果要重新创建一个文件，可在菜单栏中选择【文件】/【新建】命令。新建的模型文件中所包含的图形信息会延续用户在【欢迎使用 SketchUp】对话框中所选模板的信息。

用户完成模型创建后，可以将当前的模型文件保存为模板，供后续工作时调用。

## 1.3.2 文件的打开/保存与导入/导出

当需要打开已有的 SketchUp 文件时，可以在菜单栏中选择【文件】/【打开】命令，通过弹出的【打开】对话框找到文件存储的路径，选择文件并单击【打开】按钮，打开所需的文件，如图 1-4 所示。这里仅能打开 SKP 格式的文件，而其他格式的文件则需要通过导入方式打开。

在菜单栏中选择【文件】/【导入】命令，弹出【导入】对话框，在对话框右下角的文件类型列表中选择一种文件格式，即可将其他软件生成的文件导入当前的工作场景中，如图 1-5 所示。这样的导入被称为"数据转换"。如果在导入文件的类型列表中没有要打开文件的格式，也可以在其他软件中导出 SketchUp 能导入的文件格式类型。总之，文件数据的转换方式是多种多样的，这也为基于 BIM 的建筑项目设计创造了良好的条件。

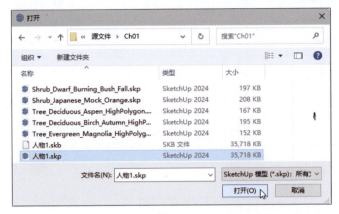

图 1-4

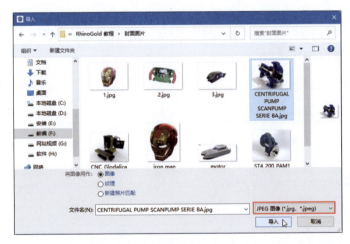

图 1-5

同理，对于打开的文件，在菜单栏中选择【文件】/【另存为】命令，可将文件保存为 2024 版本文件或旧版本文件。

有时为了能够在其他三维软件中打开 SketchUp 模型文件，需要对文件数据进行转换。此时可在菜单栏中选择【文件】/【导出】命令，将 SketchUp 模型导出为其他三维软件或二维软件能打开的文件格式。

### 1.3.3 获取与共享模型

SketchUp 为用户提供了免费的 3D 模型库——3D Warehouse。3D Warehouse 是当前广受认可的 3D 模型资源库之一，拥有庞大的模型数量和丰富的种类。

3D Warehouse 分网页版和 SketchUp 客户端。网页版如图 1-6 所示。

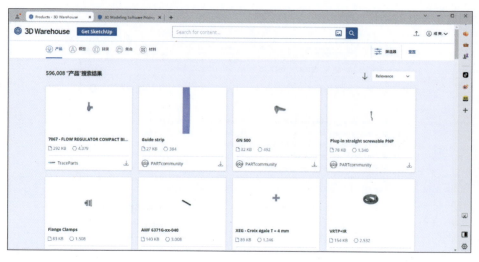

图 1-6

3D Warehouse 的 SketchUp 客户端可通过在菜单栏中选择【窗口】/【3D 模型库】命令来打开，其界面如图 1-7 所示。

图 1-7

要使用 3D Warehouse，必须注册一个账号。3D Warehouse 中的模型种类繁多，包括各行各业的专业模型。SketchUp 软件与其他 BIM 软件可以通过 3D Warehouse 来转换模型信息。例如，将 3D Warehouse 安装在 Revit 或 AutoCAD 中，只要将 3D Warehouse 中的 SKP 模型下载并导入 Revit 或 AutoCAD，即可完成模型数据的转换。在其他 BIM 软件中使用 3D Warehouse 插件，可以到 Autodesk App Store 中搜索并下载。

当用户想把自己的模型通过网络共享给其他设计师时，先保存当前的模型文件，然后在菜单栏中选择【文件】/【3D Warehouse】/【共享模型】命令，弹出【3D 模型库】对话框，输入模型文件的标题及说明后，单击【Publish Model（发布模型）】按钮，即可完成模型的共享，如图 1-8 所示。

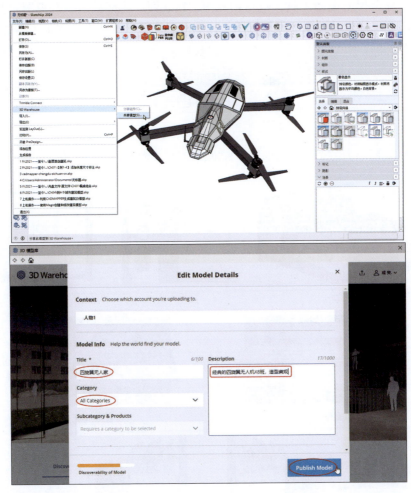

图 1-8

## 1.4 视图操控

在使用 SketchUp 进行设计的过程中，经常需要通过切换、缩放、旋转和平移视图等操作来确定模型的创建位置或者观察模型在各个角度下的细节。因此，用户需要熟练掌握 SketchUp 的视图操控方法和技巧。

### 1.4.1 切换视图

在创建模型的过程中，可以通过切换不同的模型视图来观察模型。SketchUp 提供了 7 个标准模型视图工具，包括轴测图、顶视图、前部视图、右视图、左视图、返回视图（也称为后视图）和底视图。标准模型视图工具在【视图】工具栏中，如图 1-9 所示。

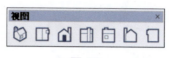

图 1-9

图 1-10 所示为一个床模型的 7 个标准模型视图预览。

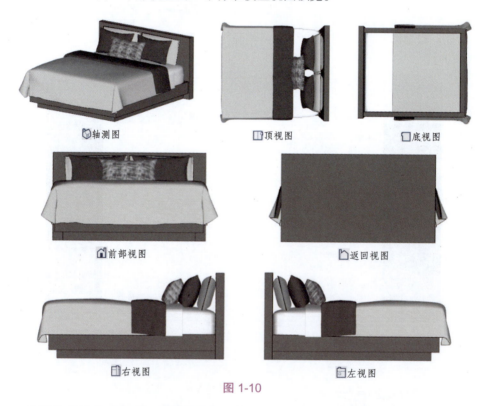

图 1-10

从视觉表达方式来看，模型视图又分为平行投影视图、透视显示图和两点透视图 3 种，图 1-10 所示的 7 个标准模型视图就是平行投影视图。图 1-11 所示为床模型的透视显示图和两点透视图的效果。

要得到平行投影视图、透视显示图或两点透视图，可在菜单栏中选择【相机】/

【平行投影】命令、【相机】/【透视显示】命令或【相机】/【两点透视图】命令。

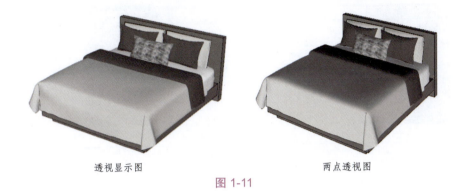

透视显示图　　　　　　　　　两点透视图

图 1-11

### 1.4.2 环绕观察

环绕观察可以观察全景模型，给人以全新的、真实的立体感受。在大工具集中单击【环绕观察】按钮，然后在绘图区按住鼠标左键并拖动鼠标，可以以不同角度观察模型，如图 1-12 所示。

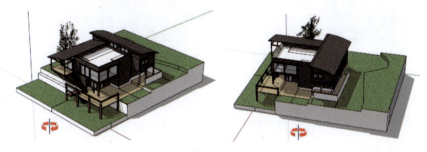

图 1-12

> **提示**：也可以按住鼠标中键（滚轮），然后拖动模型进行环绕观察。如果使用鼠标中键双击绘图区的某处，会将该处旋转置于绘图区中心。这个技巧同样适用于【平移】工具和【缩放】工具。

### 1.4.3 平移和缩放

平移和缩放视图是操控模型视图的常见基本操作。

利用大工具集中的【平移】工具，可以拖动视图至绘图区的不同位置。平移视图其实就是平移相机位置。如果视图本身为平行投影视图，那么平移视图到绘图区的不同位置，模型视角不会发生改变，如图 1-13 所示。如果视图为透视显示图，那么平移视图到绘图区的不同位置，视角会发生改变，如图 1-14 所示。

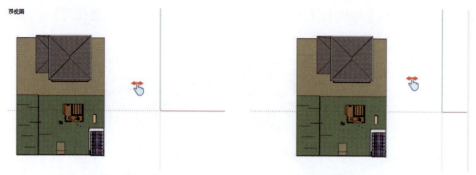

平行投影视图:平移到左上角　　　　　平行投影视图:平移到右上角

图 1-13

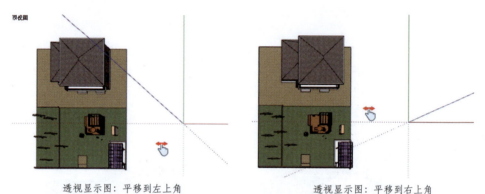

透视显示图:平移到左上角　　　　　透视显示图:平移到右上角

图 1-14

视图的缩放工具包括【缩放】、【缩放范围】和【缩放窗口】。【缩放】是通过手动拖动鼠标来自由缩放视图。【缩放范围】是将视图自动填充到整个绘图区。【缩放窗口】是将矩形区域内的局部视图进行放大显示。选中【缩放】工具，在绘图区上下拖动鼠标，可以缩小视图或放大视图，如图 1-15 所示。

图 1-15

SketchUp 视图的快捷键操控方式如下。
- 旋转视图（环绕观察）：按住鼠标中键（滚轮）并在屏幕上滑动。
- 平移视图（平移）：按住 Shift 键 + 鼠标中键（滚轮），并在屏幕上滑动。
- 缩放视图（缩放范围）：滚动鼠标中键（滚轮）。

## 1.5 对象选择技巧

在 SketchUp 建模过程中，经常需要选择对象来执行相关的操作。SketchUp 常用的对象选择方式有一般选择、框选与窗选 3 种。

### 1.5.1 一般选择

可以通过单击【主要】工具栏中的【选择】按钮 ▶，或直接按空格键激活【选择】命令进行一般选择，下面以实例操作进行说明。

【例 1-1】一般选择的具体应用。

1. 启动 SketchUp 2024，单击【标准】工具栏中的【打开】按钮 ▭，打开本例源文件"休闲桌椅组合 .skp"，如图 1-16 所示。
2. 单击【主要】工具栏中的【选择】按钮 ▶，或直接按空格键激活【选择】命令，绘图区中会显示箭头符号 ▶。
3. 在休闲桌椅组合中任意选中一个模型，该模型将显示边框，如图 1-17 所示。

图 1-16　　　　　　　　　　　图 1-17

> ⬇ 提示：SketchUp 中最小的可选择对象为线、面与组件。本例组合模型为组件，因此无法直接选择面或线。如果选择组件模型并选择右键快捷菜单中的【炸开模型】命令，就可以选择该组件模型中的面或线，如图 1-18 所示。若该组件模型由多个元素构成，则需要进行多次分解。

- 选择一个组件、线或面后，若要继续选择，可按住 Ctrl 键（鼠标指针变成 ▶+ 形状）连续单击对象，如图 1-19 所示。

图 1-18

- 如果按 Shift 键（鼠标指针变成 ± 形状）连续单击对象，则可以反向选择（简称反选）对象，如图 1-20 所示。

 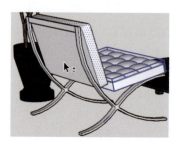

图 1-19　　　　　　　　　　　图 1-20

- 如果按 Ctrl+Shift 组合键（此时鼠标指针变成 – 形状）连续单击对象，也可反选对象，如图 1-21 所示。

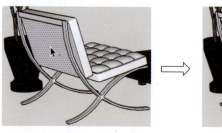

图 1-21

> **提示：** 如果误选了对象，可以按 Shift 键进行反选，也可以按 Ctrl+Shift 组合键进行反选。

### 1.5.2　框选与窗选

　　框选与窗选都是利用【选择】工具通过拖动鼠标在绘图区画出一个矩形框来选择单个或多个对象，用户可以根据需要调整矩形框的大小和位置。

框选是由左上方（或左下方）至右下方（或右上方）画出矩形框进行框选，窗选是由右下方（或右上方）至左上方（或左下方）画出矩形框进行选择。框选的矩形框是实线，窗选的矩形框是虚线，如图 1-22 所示。

图 1-22

【例 1-2】框选与窗选的具体应用。

1. 启动 SketchUp 2024，单击【标准】工具栏中的【打开】按钮 ，打开本例源文件"餐桌组合.skp"，如图 1-23 所示。

2. 在整个组合模型中要求一次性选择 3 个椅子组件。保留默认的视图，在绘图区合适位置拾取一点作为矩形框的起点，然后从左上方到右下方画出矩形，将其中 3 个椅子组件包容在矩形框内，如图 1-24 所示。

图 1-23                图 1-24

> **提示**：要想完全选中 3 个组件，3 个组件必须被包容在矩形框内。另外，被矩形框包容的还有其他组件，若不想选中它们，按 Shift 键反选即可。

3. 框选后，可以看见同时被选中的 3 个椅子组件（组件边框呈蓝色高亮显示），如图 1-25 所示。在绘图区空白处单击，取消框选结果。

4. 下面用窗选方法同时选择 3 个椅子组件。在合适位置从右下方到左上方画出矩形框，如图 1-26 所示。

> **提示**：窗选与框选不同的是，窗选无须将所选对象完全包容在内，矩形框包括的对象和经过的所选对象，都会被选中。

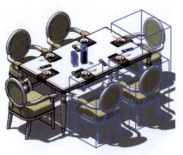
图 1-25

图 1-26

如图 1-27 所示，窗选时所画出的矩形框所经过的组件都被选中，包括椅子组件、桌子组件和桌面上的餐具等。

如果将视图切换到俯视图，再利用框选或窗选方式来选择对象，则会更加容易，如图 1-28 所示。

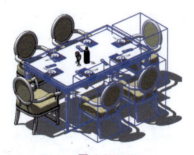
图 1-27

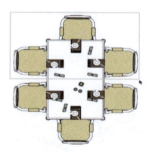
图 1-28

# 第 2 章 模型的创建与编辑

本章主要介绍模型创建与编辑的过程中,绘图工具和编辑工具的使用方法,以及模型的组织和布尔运算等。

## 2.1 绘图工具

绘图工具主要集中在【绘图】工具栏中,包括【直线】工具 、【手绘线】工具 、【矩形】工具 、【旋转长方形】工具 、【圆】工具 、【多边形】工具 、【圆弧】工具 、【两点圆弧】工具 、【3点圆弧】工具 和【扇形】工具 ,如图 2-1 所示。

图 2-1

### 2.1.1 【直线】工具

利用【直线】工具 可以绘制单条线段、连续折线和多边形,还可以分割线段或面。

**一、绘制线段**

利用【直线】工具 可以绘制一条简单的线段。

【例 2-1】绘制线段。

1. 单击【直线】按钮 ,此时鼠标指针变成铅笔形状 。在绘图区中单击以确定线段的起点,拖动鼠标在其他位置单击来确定线段的第二点,即可绘制一条线段,如图 2-2 所示。

2. 如果想精确绘制线段,确定线段方向后,可在测量数值框中输入数值,这时测量数值框以"长度"名称显示(不同的图形会显示不同的名称,后文不再说明),如输入"300",按 Enter 键确认,结果如图 2-3 所示。

图 2-2                图 2-3

默认情况下,如果不结束绘制操作,可以继续绘制连续不断的折线。

## 二、绘制多边形

利用【直线】工具 ✏ 绘制多边形时，系统会自动填充多边形并创建一个面。

【例 2-2】绘制多边形。

1. 单击【直线】按钮 ✏，在绘图区中确定多边形的起点。

2. 拖动鼠标指针，依次确定第二点、第三点和第四点（与起点重合），绘制一个三角形和一个三角形面，如图 2-4 所示。

> ↘ **提示**：多边形中的面可以被选中以删除，但多边形会保留。此外，如果删除了多边形的某条边，则多边形中的面也随之删除。

3. 如果连续的折线没有形成封闭，则不能创建面，如图 2-5 所示。

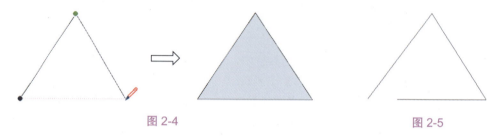

图 2-4　　　　　　　　　　　　　　　图 2-5

## 三、分割线段

利用【拆分】命令可以将线段分割成多段。

【例 2-3】分割线段。

1. 单击【直线】按钮 ✏，绘制一条线段。选中线段，再右击并选择快捷菜单中的【拆分】命令，如图 2-6 所示。

图 2-6

2. 此时线段中会显示分段点，如果鼠标指针在线段中间，仅产生一个分段点；如果移动鼠标指针，将产生多个分段点，如图 2-7 所示。

图 2-7

3. 在测量数值框中输入值可以精确控制分段，如输入"5"，按 Enter 键确认，则线段被分割成5段，如图2-8所示。

图 2-8

### 四、分割面

当绘制多边形并填充封闭区域生成面后，利用【直线】工具 可以将一个面分割为多个面。

【例2-4】分割面。

1. 单击【直线】按钮 ，绘制一个任意尺寸的矩形，系统自动填充矩形区域并生成矩形面，如图2-9所示。

2. 在矩形面上绘制一条线段，可以将矩形面分割成两个面，如图2-10所示。

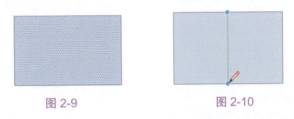

图 2-9　　　　　　图 2-10

3. 同理，继续绘制线段，可以将面分割成更多较小的面，如图2-11所示。

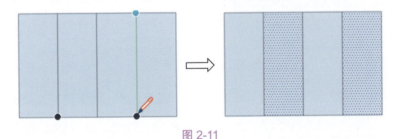

图 2-11

## 2.1.2 【手绘线】工具

利用【手绘线】工具 ，可绘制不规则平面曲线和3D空间曲线。绘制的曲线可用于定义和分割平面，还可用来表示等高线地图或其他有机形状中的等高线。

【例2-5】手绘曲线。

1. 单击【手绘线】按钮 ，鼠标指针变为 形状。在绘图区中任意位置单击确定曲线起点，按住鼠标左键不放移动鼠标，即可绘制不规则曲线，如图2-12所示。

2. 当起点与终点重合时，即可绘制一个封闭的面，如图2-13所示。

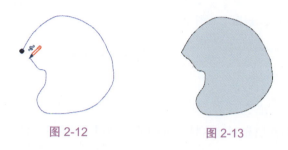

图 2-12　　　　　图 2-13

## 2.1.3 【矩形】工具和【旋转长方形】工具

【矩形】工具 和【旋转长方形】工具 都是用来绘制矩形的工具，前者用于绘制平面矩形，后者则用于绘制倾斜矩形。矩形本身就是封闭的多边形，所以绘制矩形后将会自动填充矩形区域而生成面（即矩形面）。

> **提示：** 本章及后续章节中，考虑到各自案例中的实际需要，有时将"绘制矩形"描述为"绘制矩形面"，或者将"绘制圆"描述为"绘制圆形"或"绘制圆形面"。

### 一、绘制矩形

【例 2-6】绘制矩形。

单击【矩形】按钮 ，鼠标指针变成 形状。在绘图区中单击确定矩形的第一个对角点，拖动鼠标指针并确定矩形的第二个对角点，单击即可完成矩形的绘制，如图 2-14 所示。

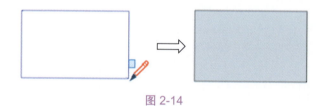

图 2-14

在绘制矩形的过程中，若出现"黄金分割"提示时，说明绘制的是黄金分割的矩形，如图 2-15 所示。

也可在测量数值框中输入第二个对角点的坐标值"500,300"，按 Enter 键确认，完成矩形的精确绘制，如图 2-16 所示。

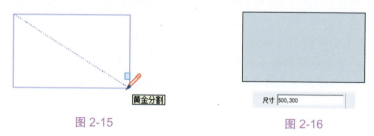

图 2-15　　　　　图 2-16

> **提示：** 如果输入负值 "-100,-100"，SketchUp 将把负值应用到与绘图方向相反的方向。

在确定矩形的第二个对角点位置的过程中，若出现一条对角虚线并在鼠标指针位置显示"正方形"，则所绘制的矩形就是正方形，如图 2-17 所示。

绘制矩形并自动填充为矩形面后，可以删除面，仅保留矩形曲线，如图 2-18 所示。如果删除矩形上的一条边，那么矩形面也随之删除，因为封闭的曲线变成了开放曲线。

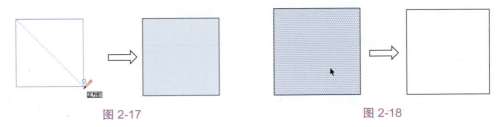

图 2-17　　　　　　　　　　图 2-18

## 二、绘制倾斜矩形

利用【旋转长方形】工具，可以绘制倾斜矩形。

【例 2-7】绘制倾斜矩形。

1. 单击【旋转长方形】按钮，鼠标指针位置显示量角器，用来确定倾斜角度，如图 2-19 所示。

2. 在绘图区中单击以放置量角器，然后从量角器的原点拉出一条直线以确定矩形的倾斜方向，在测量数值框中输入值 "600" 后按 Enter 键，确定倾斜矩形的一条矩形边，如图 2-20 所示。

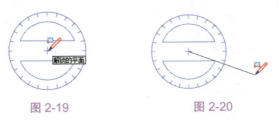

图 2-19　　　　　　　图 2-20

3. 沿着斜线的垂直方向拖动鼠标以确定倾斜矩形的垂直边长度，在测量数值框中输入垂直边的长度值 "500" 并按 Enter 键，即可完成倾斜矩形的绘制，如图 2-21 所示。按空格键可以结束命令。

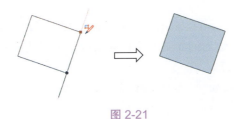

图 2-21

## 2.1.4 【圆】工具

圆可以看成由无数条边所构成的正多边形。在 SketchUp 中绘制圆，默认的边数为 24，通过修改边数可以提升或降低圆的圆滑度。

【例 2-8】绘制圆。

1. 单击【圆】按钮，鼠标指针变成形状，如图 2-22 所示。
2. 在绘图区中的坐标轴原点位置单击以确定圆心，拖动鼠标指针并在任意位置单击即可绘制一个任意半径值的圆，如图 2-23 所示。

图 2-22　　　　　　　　　图 2-23

若要精确绘制圆，可在测量数值框中输入半径值，如输入"3000"并按 Enter 键确认，则可绘制半径为 3000mm 的圆，如图 2-24 所示。

默认的圆边数为 24，减少边数可以变成正多边形。当执行【圆】命令后，在测量数值框中输入边数"8"并按 Enter 键确认，即可绘制正八边形，如图 2-25 所示。

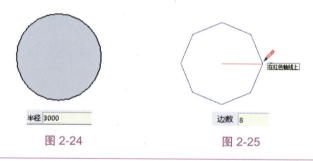

图 2-24　　　　　　　　　图 2-25

> **提示**：在测量数值框中输入数值，并不需要鼠标指针在框内单击以激活文本框。事实上，在执行命令后直接利用键盘输入数值后，系统会自动将数值显示在测量数值框中。

## 2.1.5 【多边形】工具

利用【多边形】工具可绘制正多边形。前面介绍了由圆变成正多边形的绘制方法，下面介绍外接圆多边形的绘制方法。SketchUp 中默认的多边形边数为 6。

【例 2-9】绘制正多边形。

1. 单击【多边形】按钮，鼠标指针变成形状。

2. 在绘图区中单击以确定正多边形的中心点，按住鼠标左键并向外拖动，以确定正多边形的大小，如图2-26所示。

3. 在测量数值框中输入正多边形的内切圆半径值"300"，按Enter键确认后，完成正多边形的绘制，如图2-27所示。

图 2-26　　　　　　　　　　图 2-27

## 2.1.6　绘制圆弧

圆弧是圆上的某一段曲线，圆弧工具主要用于绘制圆弧实体。SketchUp提供了4种圆弧的绘制方式，下面详解。

**一、以"从中心和两点"方式绘制圆弧**

"从中心和两点"方式是以圆弧圆心及圆弧的两个端点来确定圆弧位置和大小。

【例2-10】以"从中心和两点"方式绘制圆弧。

1. 单击【圆弧】按钮 ，这时鼠标指针变成 形状。在绘图区中的任意位置单击以确定圆弧圆心。

2. 拖动鼠标指针拉长虚线，以便指定圆弧半径，或者在测量数值框中输入长度值（即半径值），并按Enter键确认，确定圆弧起点，如图2-28所示。

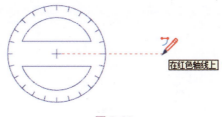

图 2-28

3. 拖动鼠标以确定圆弧角度（或圆弧长度）。若要精确控制圆弧角度，可在测量数值框中输入角度值"75"（以确定圆弧终点），并按Enter键确认，完成75°角圆弧的绘制，如图2-29所示。

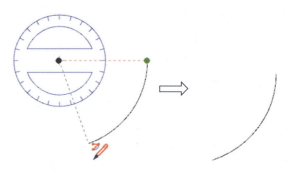

图 2-29

### 二、以"两点圆弧"方式绘制圆弧

"两点画弧"方式是根据起点、终点和凸起部分来绘制圆弧。下面分别利用【圆弧】工具 和【两点画弧】工具 来绘制两段相切圆弧。

【例 2.11】以"两点圆弧"方式绘制相切圆弧。

1. 单击【圆弧】按钮 ，先任意绘制一段圆弧，如图 2-30 所示。

2. 单击【两点圆弧】按钮 ，指定第一段圆弧的终点为现圆弧的起点，向上拖动鼠标指针，当显示一段浅蓝色圆弧时，说明两圆弧已相切，单击以确定圆弧终点，如图 2-31 所示。

图 2-30　　　　　　　　　　图 2-31

3. 往圆弧中点方向拖动鼠标指针，当圆弧再次显示为浅蓝色时，说明已经捕捉到圆弧中点的位置，单击即可完成相切圆弧的绘制，如图 2-32 所示。

图 2-32

### 三、以"3 点圆弧"方式绘制圆弧

"3 点圆弧"方式是通过定义圆弧起点、中间点（除起点与终点外的任意点）和终点来绘制圆弧，如图 2-33 所示。

### 四、以"中心点、半径和终点"方式绘制扇形面

"中心点、半径和终点"方式是通过定义中心点（圆心）、圆弧半径（或圆弧起点）

和圆弧终点来绘制扇形面。

单击【扇形】按钮，在绘图区中依次确定圆心、圆弧起点和圆弧终点，即可完成扇形面的绘制，如图 2-34 所示。具体绘制方法与以"从中心和两点"方式绘制圆弧的方法相同。

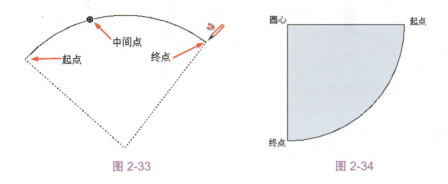

图 2-33　　　　　　　　　　图 2-34

## 2.2　编辑工具

SketchUp 中的编辑工具包括【移动】工具、【推/拉】工具、【旋转】工具、【路径跟随】工具、【比例】工具和【偏移】工具。图 2-35 所示为包含这些编辑工具的【编辑】工具栏。编辑工具也出现在大工具集中。

图 2-35

### 2.2.1　【移动】工具

利用【移动】工具可以移动和复制对象。

**一、利用【移动】工具复制模型**

利用【移动】工具可以复制单个或者多个模型，下面用实例说明操作步骤。

【例 2-12】复制模型。

1. 打开本例源文件"树.skp"。
2. 选中树模型，如图 2-36 所示。单击【移动】按钮，按下 Ctrl 键，这时鼠标指针旁多了一个"+"号，拖动鼠标即可复制出树模型副本，如图 2-37 所示。

> **提示**：如果不按下 Ctrl 键，在拖动鼠标过程中仅将模型进行移动操作。

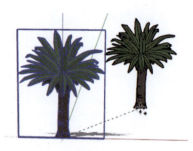

图 2-36　　　　　　　　　　　图 2-37

3. 继续选中树模型并按住 Ctrl 键拖动鼠标，再复制出一个树模型副本，如图 2-38 所示。

4. 同理，继续复制出多个树模型副本。不再复制时按空格键结束操作，最终复制完成的效果如图 2-39 所示。

图 2-38　　　　　　　　　　　图 2-39

## 二、复制等距模型

利用测量数值框可精确复制出等距模型。

【例 2-13】复制等距模型。

1. 当复制好一个模型副本后，在测量数值框中输入"/10"，按 Enter 键确认，即可在源模型和模型副本之间复制出间距相等的 9 个模型副本，如图 2-40 和图 2-41 所示。

图 2-40　　　　　　　　　　　图 2-41

2. 同理，复制好一个模型副本后，在测量数值框中输入"*10"，按 Enter 键确认，即可复制出间距相等的 9 个模型副本，如图 2-42 所示。

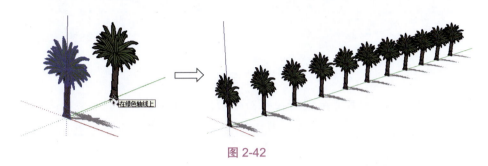

图 2-42

> **提示：** 复制等距模型在创建包含多个相同项目的模型（如栅栏、桥梁和书架）时特别有用。

### 2.2.2 【推/拉】工具

利用【推/拉】工具，可以将规则的形状或复杂的二维面（指形状不规则、边界曲线或多边形数目较多的平面图形）推拉成三维模型。值得注意的是，这个三维模型并非实体，内部无填充物，仅仅是封闭的曲面。一般来说，"推"能完成布尔减运算并创建凹槽，"拉"可完成布尔求和运算并创建凸台。

**一、拉出石阶模型**

下面以创建一个园林景观中的石阶模型为例，详细讲解如何推拉出三维模型。

【例 2-14】创建石阶模型。

1. 单击【矩形】按钮，在绘图区中绘制一个矩形面（在测量数值框中输入"2400,1200"后按 Enter 键确认），如图 2-43 所示。

2. 单击【直线】按钮，然后以捕捉中心点的方式分割矩形面，如图 2-44 所示。

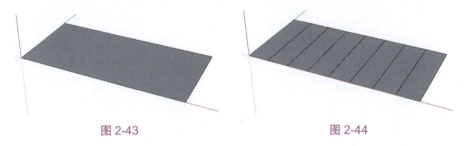

图 2-43　　　　　　　　　　图 2-44

3. 单击【推/拉】按钮，选取分割后的一个面，向上拉出 150mm 的距离（在测量数值框中输入"150"并按 Enter 键确认），得到第一步石阶，如图 2-45 所示。

> **提示：** 一个面被推拉一定的高度后，如果在另一个面上双击，则该面也会被推拉出同样的高度。

## 第 2 章 模型的创建与编辑

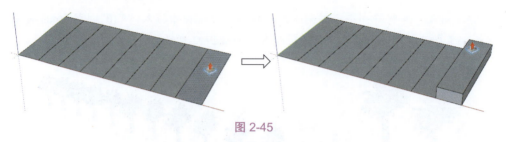

图 2-45

4. 同理，再选择其他分割的矩形面依次进行推拉操作，每一步的高度差为 150mm，拉出所有石阶。创建石阶后将侧面的线段删除，如图 2-46 所示。

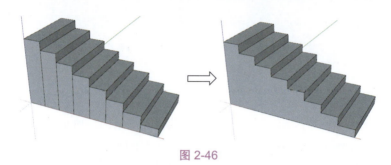

图 2-46

5. 单击【颜料桶】按钮，为石阶填充合适的材质，效果如图 2-47 所示。

图 2-47

> 提示：【推/拉】工具只能在平面上使用。

### 二、创建放样模型

由于 SketchUp 中没有"放样"工具来创建图 2-48 所示的放样模型，因此可以利用"Alt 键 + 拖动命令"的方式来创建放样模型。

【例 2-15】创建放样模型。

1. 单击【圆】按钮，绘制一个半径为 5000mm 的圆面，如图 2-49 所示。
2. 单击【多边形】按钮，捕捉圆面的圆心（即原点）作为中心点，绘制外接圆半径为 6000mm 的正六边形，如图 2-50 所示。

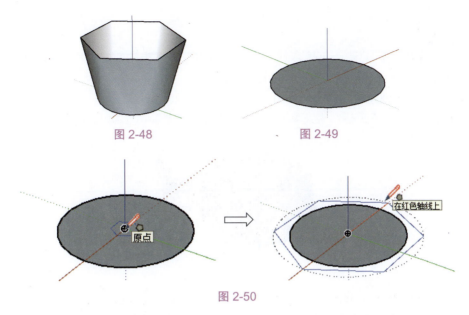

图 2-48　　　　　　　　图 2-49

图 2-50

3．选中正六边形（不要选择正六边形面），然后单击【移动】按钮✥，并捕捉其中心作为移动起点，如图 2-51 所示。

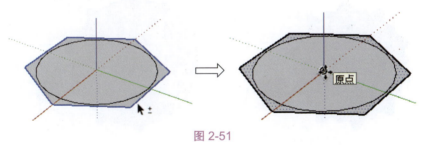

图 2-51

4．按住 Alt 键并沿 Z 轴拖动鼠标，在合适位置单击以确定模型高度并完成模型创建，如图 2-52 所示。

5．单击【直线】按钮✎，绘制多边形面将上方的洞口封闭，即可形成完整的几何体模型，如图 2-53 所示。

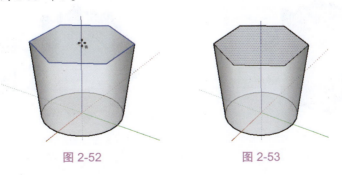

图 2-52　　　　　　　　图 2-53

## 2.2.3 【旋转】工具

利用【旋转】工具 ⟳ 可以任意角度来旋转模型，在旋转的同时按住 Ctrl 键还可以创建模型副本。下面以实例操作进行说明。

【例 2-16】创建模型的旋转复制。

1. 打开本例源文件"中式餐桌 .skp"，几何体模型如图 2-54 所示。

图 2-54

2. 选中要旋转的模型——餐椅，然后单击【旋转】按钮 ⟳，将量角器放置在餐桌中心点上（即确定角度顶点），如图 2-55 和图 2-56 所示。

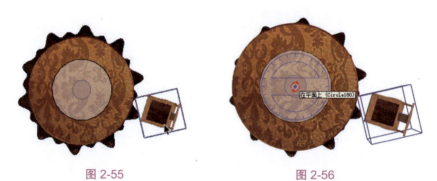

图 2-55　　　　　　　　　　图 2-56

3. 放置量角器后，向右水平拖出一条角度测量线，在合适位置单击以确定测量起点，再按住 Ctrl 键进行旋转，复制出一个模型副本，如图 2-57 和图 2-58 所示。

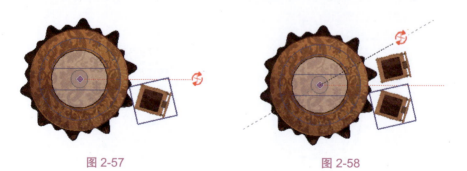

图 2-57　　　　　　　　　　图 2-58

4. 在测量数值框中输入数值"30"并按 Enter 键确认,随后再输入"*12"并按 Enter 键确认,复制出相同角度且总数为 11 的模型副本,结果如图 2-59 和图 2-60 所示。

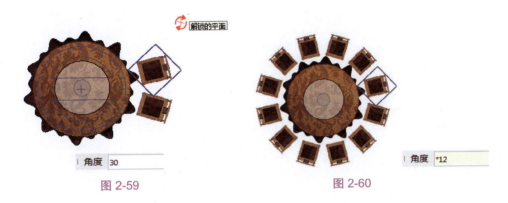

图 2-59　　　　　　　　　　　　图 2-60

### 2.2.4 【路径跟随】工具

利用【路径跟随】工具，可以沿一条曲线路径扫描截面，从而创建扫描模型。

**一、创建圆环**

【例 2-17】创建圆环。

1. 单击【圆】按钮，绘制一个半径为 1000mm 的圆面,如图 2-61 所示。
2. 单击【视图】工具栏中的【前部】按钮切换视图到前部视图。单击【圆】按钮，在圆的象限点上绘制一个半径为 200mm 的小圆面,形成扫描截面,如图 2-62 和图 2-63 所示。

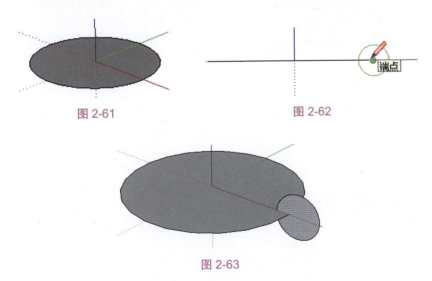

图 2-61　　　　　　　　　　　　图 2-62

图 2-63

> **提示**：目前 SketchUp 中没有切换视图的快捷键，绘图时会有不便。我们可以自定义切换视图的快捷键，方法：在菜单栏中选择【窗口】/【系统设置】命令，打开【SketchUp 系统设置】对话框。进入【快捷方式】设置页面，在【功能】下拉列表框中找到【相机（C）/标准视图（S）/等轴视图（I）】选项，并在【添加快捷方式】文本框中输入"F2"或者按下 F2 键后，单击 + 按钮添加快捷方式，如图 2-64 所示。其余的视图也按此方法依次设定为 F3、F4、F5、F6、F7 和 F8。可以单击【导出】按钮将设置的结果导出，便于重启软件后再次打开设置文件。最后单击【好】按钮完成快捷方式的定义。

图 2-64

3. 先选择大圆面或选取大圆的边线（作为路径），接着单击【路径跟随】按钮，再选择小圆面作为扫描截面，如图 2-65 和图 2-66 所示。

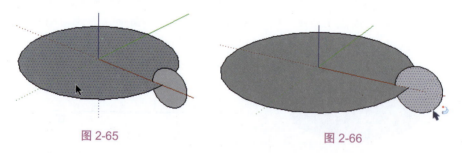

图 2-65　　　　　　　　　　　　图 2-66

4. 随后 SketchUp 自动创建扫描几何体，最后将中间的面删除，得到的圆环效果如图 2-67 所示。

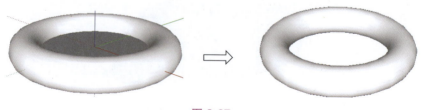

图 2-67

## 二、创建球体

下面利用【路径跟随】工具 来创建一个球体。

【例 2-18】创建球体。

1. 单击【圆】按钮 ，在默认的等轴视图中的坐标系中心点绘制一个半径为 500mm 的圆面，如图 2-68 所示。

2. 按 F4 快捷键切换到前部视图（注意，按照前面介绍的快捷方式设置方法先设置好才能使用此操作），然后再绘制一个半径为 500mm 的圆面，此圆与第一个圆的圆心重合，如图 2-69 所示。

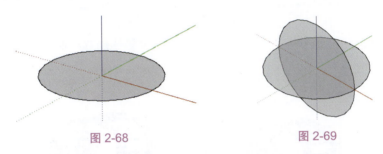

图 2-68　　　　　　　　　　图 2-69

3. 先选择第一个圆面作为扫描路径，单击【路径跟随】按钮 ；接着选择第二个圆面作为扫描截面，随后 SketchUp 自动创建一个球体，如图 2-70 所示。

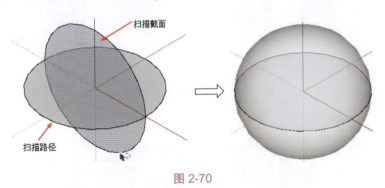

图 2-70

## 2.2.5 【比例】工具

利用【比例】工具 ，可以对模型进行缩放操作，同时按住 Shift 键可进行等比例缩放，按住 Ctrl 键将以模型中心为缩放原点进行轴对称缩放。

下面对一个凉亭模型进行缩放操作，可以自由缩放，也可按比例进行缩放，从而改变当前模型的形状。

【例 2-19】模型的缩放。

1. 打开本例源文件"凉亭.skp"。

2. 在绘图区选中组成凉亭的全部对象，再单击【比例】按钮 ，模型外围显示缩放控制框，如图 2-71 所示。

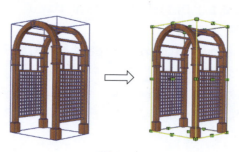

图 2-71

3. 在缩放控制框中任意选中一个控制点，沿着轴线拖动鼠标进行缩放操作，如图 2-72 所示。

4. 缩放至合适状态后按空格键确认，即可完成对象的缩放操作，如图 2-73 所示。

图 2-72　　　　　　　图 2-73

5. 利用同样的方法可以拖动其他控制点来缩放对象，最后的缩放效果如图 2-74 所示。

图 2-74

## 2.2.6 【镜像】工具

利用【镜像】工具⚠可以快速定向模型并创建在其对称方向上的副本，下面通过实例操作说明操作方法。

【例 2-20】创建镜像对象。

1. 打开本例源文件"床.skp",模型如图 2-75 所示。
2. 在【视图】工具栏中单击【右视图】按钮,将当前视图切换至右视图。单击【矩形】按钮,绘制一个任意大小的矩形面,如图 2-76 所示。

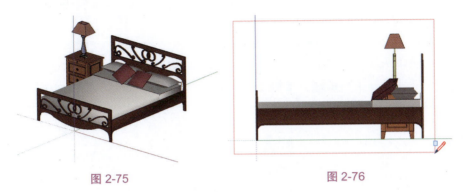

图 2-75　　　　　　　　　图 2-76

3. 在【视图】工具栏中单击【轴测图】按钮,将右视图切换至轴侧视图。
4. 单击【镜像】按钮,先选择在床左侧的床头柜组件模型,接着按住 Ctrl 键,选择步骤 2 绘制的矩形面作为镜像平面,如图 2-77 所示。

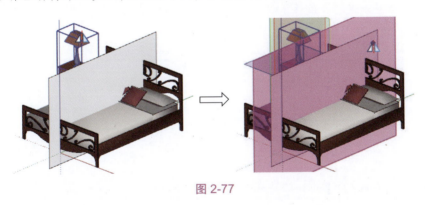

图 2-77

5. 随后在床的另一侧自动创建镜像的床头柜模型,最后删除矩形面,结果如图 2-78 所示。

图 2-78

## 2.2.7 【偏移】工具

创建 3D 模型时，通常需要参考一个模型形状来绘制稍大或稍小的形状，并使两个形状保持等距，这种操作称为"偏移"。【偏移】工具 就是用来完成偏移的工具，下面通过实例操作说明操作方法。

【例 2-21】创建模型的偏移。

1. 打开本例源文件"花坛模型.skp"，打开的花坛模型如图 2-79 所示。
2. 单击【偏移】按钮 ，选择要偏移的边线，如图 2-80 所示。

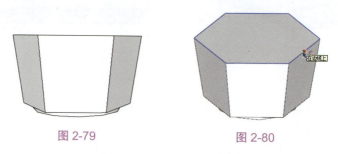

图 2-79　　　　　　图 2-80

3. 向里拖动鼠标，偏移复制一个面，如图 2-81 所示。

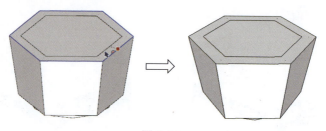

图 2-81

4. 单击【推/拉】按钮 ，对偏移复制的面进行推拉操作，推出一个凹槽，如图 2-82 所示。

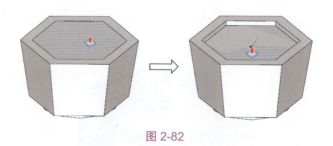

图 2-82

5. 单击【颜料桶】按钮 ，对创建的花坛填充适合的材质，如图 2-83 所示。

图 2-83

## 2.3 组织模型

在 SketchUp 中经常会出现几何体对象粘贴到一起的现象,通过创建组件或群组的方法,可以避免这种情况发生。而且创建了组件或群组后,SketchUp 图层系统有更近似 AutoCAD 的图层功能,可以提高重新作图与模型变换操作的效率。

### 2.3.1 创建组件

组件是由多个几何体对象(如点、线及面)组合的类似于"实体"的集合。这种组合类似于 AutoCAD 中的图块。使用组件可以方便地重复使用已有图形中的部分内容。组件还具有关联功能,即在绘图区放置组件后,如果其中一个组件被修改,其他相同组件的所有实例都会同步更新。如此一来,模型内标准单元的编辑就变得简单了。

> 提示:实体内部是有填充物的,而这个组件"实体"只是一个几何体对象集合,内部为空心,没有填充物。也可以将独立几何体对象与组件一起再组合成组件。

将几何体对象转为组件后,组件具有以下行为与功能。
- 组件是可重复使用的。
- 组件几何体与其当前连接的任何几何体是分离的。这类似于群组。
- 无论何时编辑组件,都可以编辑对象或定义。
- 如果愿意,可以使组件粘贴到特定平面(通过设置其粘合平面)或在面上切割一个孔(通过设置其切割平面)。
- 组件可以与元数据(如高级属性和 IFC 分类类型)相关联。对象分类引入了分类系统以及如何将它们与 SketchUp 组件结合使用的概念。

> 提示:在创建组件之前,须先使几何体对象与绘图轴对齐。这一步骤至关重要,特别是当用户期望以组件的方式将几何体对象连接到其他几何体上时。此外,当用户希望组件具有粘贴平面或切割平面时,对齐操作可确保组件按照预定方式与粘贴平面或切割平面连接。例如,在地板上放置沙发时,必须确保沙发腿的底面与水平面对齐。同样,在墙上设置门或窗户时,需确保门、窗对象与蓝色轴(通常是垂直轴)对齐。

【例 2-22】创建组件。

1. 打开本例源文件"盆栽.skp",打开的盆栽模型如图 2-84 所示。
2. 框选组成盆栽的所有几何体对象,如图 2-85 所示。
3. 在大工具集中单击【创建组件】按钮 ⚙,弹出【创建组件】对话框,如图 2-86 所示。

图 2-84

图 2-85

图 2-86

4. 在【创建组件】对话框中输入组件名称"盆栽",其他选项保持默认设置,单击【创建】按钮完成组件定义,如图 2-87 所示。创建完成的盆栽组件如图 2-88 所示。

图 2-87

图 2-88

> **提示**:当场景中没有选中的模型时,创建组件工具呈灰色状态,即不可使用。只有当场景中有模型被选中时,创建组件工具才会被启用。

## 2.3.2 创建群组

群组工具可将多个组件或者组件与几何体组织成一个整体。群组与组件本质上是类似的。

## 2.3 组织模型

群组可以快速创建,并且能够在内部进行编辑。群组也可以嵌套在其他群组或组件中。

群组具有以下优点。

- **快速选择对象**:选择一个群组时,群组内所有的对象都将被选中。
- **隔离几何体**:编组可以将群组内的几何体与其他模型中的几何体隔离开,从而避免被其他几何体修改。
- **组织模型**:可以把几个群组再编为一个群组,创建一个分层级的群组。
- **改善性能**:用群组来划分模型,可以使 SketchUp 更有效地利用计算机资源,加快绘图和显示等操作。
- **继承与替换材质**:分配给群组的材质会由群组内使用默认材质的几何体继承,而指定了其他材质的几何体则保持不变。这样就可以快速地给某些特定的几何体表面上色。(如果"炸开"群组,结合体可以保留替换了的材质。)

创建群组的过程非常简单:在绘图区内将要创建群组的对象(包括组件、群组或几何体)框选,再选择菜单栏中的【编辑】/【创建群组】命令,或者在绘图区右击,在快捷菜单中选择【创建群组】命令,即可创建群组。

### 2.3.3 组件、群组的编辑和操作

创建组件或群组后,可以对其进行编辑或炸开、分离操作。

#### 一、编辑组件或群组

创建组件后,可以选中该组件并右击,选择快捷菜单中的【编辑组件】命令,或者直接双击组件,进入组件编辑状态,如图 2-89 所示。

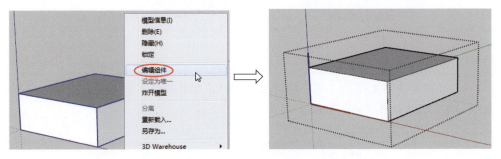

图 2-89

在编辑状态下,可以对几何体对象进行变换、应用材质和贴图及模型编辑等操作。与创建组件之前的操作方法是完全相同的。

同理,创建群组后,也可以编辑群组对象,操作过程与结果与组件是完全相同的,如图 2-90 所示。

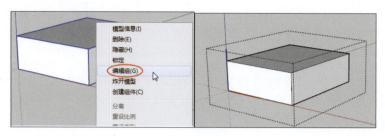

图 2-90

### 二、炸开与分离

如果不需要组件或群组了，可以右击组件或群组，在快捷菜单中选择【炸开模型】命令，撤销组件或群组。

解除黏接是针对于组件而言的，当对一个几何体进行解除黏接操作时会影响组件内部，意味着将内部的这个几何体分离出去。下面通过实例进行简单操作。

【例 2-23】炸开与解除黏接操作。

1. 单击【圆】按钮 ⊙，绘制一个圆，接着在其内部绘制一个小圆，如图 2-91 所示。

2. 双击（注意不是单击）内部的小圆，然后右击并选择快捷菜单中的【创建组件】命令，将小圆单独创建为组件（实际上包含了圆和内部的圆面），如图 2-92 所示。

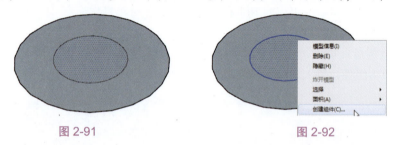

图 2-91　　　　　　　　　　图 2-92

3. 创建组件后，当移动大圆时，小圆会一起移动，如图 2-93 所示。

4. 此时右击小圆组件，选择快捷菜单中的【炸开模型】命令或者【解除黏接】命令，可以移除组件关系，如图 2-94 所示。

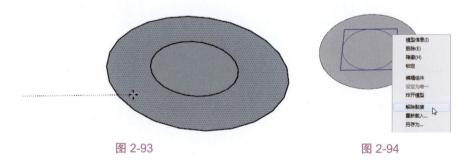

图 2-93　　　　　　　　　　图 2-94

5. 此时移动小圆，大圆则不会跟随，如图 2-95 所示。

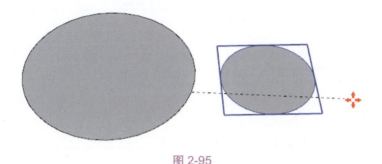

图 2-95

## 2.4 模型的布尔运算

在 SketchUp 中，布尔运算工具仅用于实体。SketchUp 中的实体指的是任何具有有限封闭体积的 3D 模型（组件或群组），实体不能有任何裂缝（平面缺失或平面间存在缝隙）。

默认情况下，利用【绘图】工具栏和【编辑】工具栏中的工具建立的几何体对象仅仅是一个封闭的面组，还算不上实体。例如，利用【圆】命令和【推/拉】命令建立的圆柱体，实际上是由 3 个面组连接而成的模型，每个面都是独立的，可以被单独删除。若要将其变成实体，只需要将这些面合并成组件或者群组即可，如图 2-96 所示。

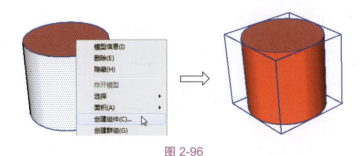

图 2-96

> **提示**：群组是多个组件组成的集合体，等同于部件或零件。组件是 SketchUp 中多个几何对象的集合体，等同于几何体特征，而点、线及面则称为几何对象。

实体工具是用于实体之间的布尔运算工具。实体工具包括【实体外壳】工具、【交集】工具、【并集】工具、【差集】工具、【修剪】工具和【拆分】工具。图 2-97 所示为【实体工具】工具栏。

图 2-97

## 2.4.1 【实体外壳】工具

【实体外壳】工具 用于删除和清除位于交叠组件或组件内部的几何图形（保留所有外表面）。

【例 2-24】创建实体外壳。

1. 利用【矩形】命令和【推/拉】命令绘制两个长方体，并分别将它们创建为组件，如图 2-98 所示。

2. 单击【实体外壳】按钮 ，选择第一个组件，接着再选择第二个组件，如图 2-99 所示。随后 SketchUp 将自动创建包容两个组件的外壳，如图 2-100 所示。

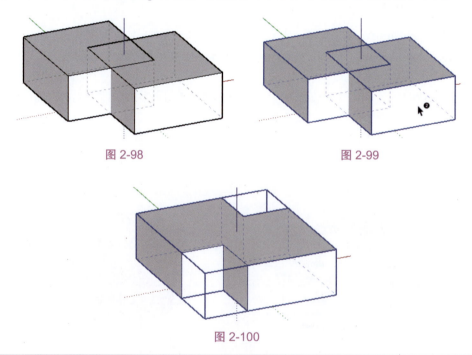

图 2-98　　　　　　　　　图 2-99

图 2-100

> 提示：如果将鼠标指针放在组件以外，指针会变成带有圆圈和斜线的箭头 ；如果将鼠标指针放在组件内，指针会变成带有数字的箭头 。

## 2.4.2 【交集】工具

交集是指在几何空间中，两个或多个群组或组件相交或重叠的部分，通过对这些群组或组件进行交集运算，可以得到仅包含它们共同部分的几何图形。

【例 2-25】创建交集。

1. 同样以两个长方体组件为例，在【样式】工具栏中单击【后边线】按钮，将当前默认的视图显示样式（【着色】样式）设为【后边线】样式，如图 2-101 所示。

2. 单击【交集】按钮，选择第一个组件，再选择第二个组件，随后系统自动创建交集部分，如图 2-102 所示。

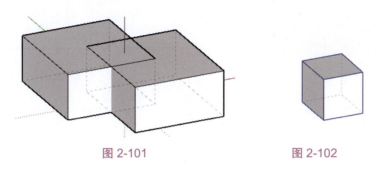

图 2-101　　　　　　　　　　图 2-102

### 2.4.3 【并集】工具

并集是指将两个或多个实体合并为一个实体。并集的结果类似于实体外壳的结果，不过，并集的结果可以包含内部几何，而外壳的结果只能包含外部表面。

【例 2-26】创建并集。

1. 同样以两个长方体组件为例，单击【样式】工具栏中的【后边线】按钮，设置当前视图的显示样式为【后边线】样式，如图 2-103 所示。

2. 单击【并集】按钮，选择第一个组件，再选择第二个组件，随后两个组件自动合并为一个完整的组件，如图 2-104 所示。

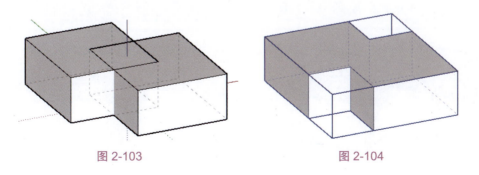

图 2-103　　　　　　　　　　图 2-104

### 2.4.4 【差集】工具

【差集】工具用于将第一个群组或组件的几何图形与第二个群组或组件的几何图形进行合并，然后从结果中移除第一个群组或组件。只有当两个群组或组件彼此交叠时才能执行差集操作，并且差集的效果也取决于群组或组件的选择顺序。

【例2-27】创建差集。

1. 同样以两个长方体组件为例，单击【样式】工具栏中的【后边线】按钮，设置当前视图的显示样式为【后边线】样式，如图2-105所示。

2. 单击【差集】按钮，选择第一个组件（作为被删除部分），再选择第二个组件（作为主体对象），随后系统自动完成差集，如图2-106所示。

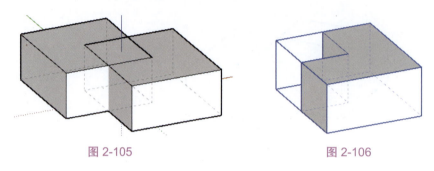

图2-105　　　　　　　　　　　　图2-106

### 2.4.5 【修剪】工具

【修剪】工具用于将第一个群组或组件的几何图形与第二个群组或组件的几何图形进行合并修剪，只保留交叠部分的几何图形。与【差集】不同的是，第一个群组或组件会保留在修剪的结果中，修剪效果也取决于群组或组件的选择顺序。

【例2-28】修剪操作。

1. 同样以两个长方体组件为例，单击【样式】工具栏中的【后边线】按钮，设置当前视图的显示样式为【后边线】样式，如图2-107所示。

2. 单击【修剪】按钮，选择第一个组件（作为被修剪对象），再选择第二个组件（作为主体对象），随后系统自动完成修剪，如图2-108所示。

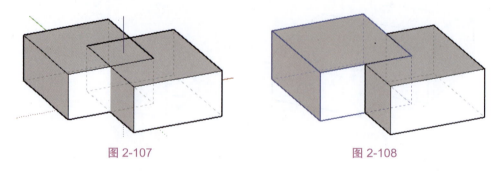

图2-107　　　　　　　　　　　　图2-108

### 2.4.6 【拆分】工具

利用【拆分】工具，可将交叠的两个几何对象分割为3部分。

【例2-29】创建分割。

1. 同样以两个长方体组件为例，单击【样式】工具栏中的【后边线】按钮，设置当前视图的显示样式为【后边线】样式，如图2-109所示。

2. 单击【拆分】按钮，选择第一个组件，再选择第二个组件，随后系统自动完成拆分，结果如图2-110所示。

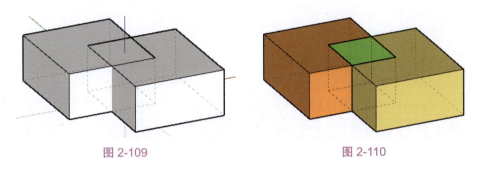

图 2-109　　　　　　　　　　　图 2-110

## 2.5 照片匹配建模

利用照片匹配功能可将照片与模型相匹配，创建外形简易的模型。在菜单栏中选择【窗口】/【默认面板】/【照片匹配】命令，在默认面板中显示【照片匹配】卷展栏，如图2-111所示。

【例2-30】照片匹配建模。

下面以一张简单的建筑照片为例，进行照片匹配建模的操作。

1. 在默认面板的【照片匹配】卷展栏中单击【新建照片匹配】按钮，如图2-112所示，从本例源文件夹中打开"建筑照片.jpg"图像文件。

图 2-111　　　　　　　　　　　图 2-112

2. 调整红色轴、绿色轴的4个控制点位置，单击鼠标右键，在快捷菜单中选择【完成】命令，如图2-113所示，鼠标指针变成一支笔的形状。

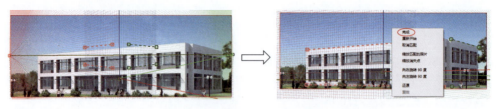

图 2-113

3. 绘制模型轮廓，使它形成一个面，如图 2-114 所示。

图 2-114

> **提示**：绘制封闭的曲线后，SketchUp 会自动创建一个面来填充封闭曲线。

4. 在【照片匹配】卷展栏中单击【从照片投影纹理】按钮，将纹理投射到模型上。选择场景左上方的【照片】选项卡，单击鼠标右键，在快捷菜单中选择【删除】命令，将照片删除，如图 2-115 所示。

图 2-115

5. 单击【直线】按钮 ，在顶部绘制封闭面，这样就形成了一个简单的照片匹配模型，如图 2-116 所示。

图 2-116

## 2.6 综合案例

本节将通过两个典型的综合案例来展示如何使用 SketchUp 进行模型的创建和编辑。这些案例涵盖了从基本的几何形状创建到复杂模型编辑的各种操作技巧，旨在帮助读者更好地理解和掌握 SketchUp 的使用方法。

### 2.6.1 案例 1：创建圆弧镂空墙体

本案例主要利用绘图工具、实体工具创建镂空墙体模型，图 2-117 所示为效果图。

图 2-117

1. 单击【圆弧】按钮，绘制第一段弦长为 5000mm、弧高为 1850mm 的圆弧，如图 2-118 所示。

2. 绘制第二段圆弧（弦长为 5000mm、弧高为 1000mm），该段圆弧与第一段圆弧相交并形成封闭区域，如图 2-119 所示。

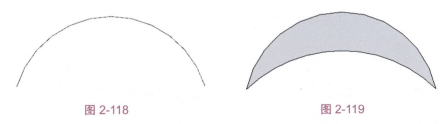

图 2-118　　　　　　　　　图 2-119

3. 单击【直线】按钮，绘制两条线段分割面，将分割后的两端面删除，如图 2-120 和图 2-121 所示。

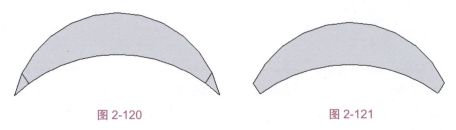

图 2-120　　　　　　　　　图 2-121

4. 单击【推/拉】按钮，将面向上拉出 3000mm，形成墙体，如图 2-122 所示。

5. 单击【圆】按钮⊙，绘制一个半径为 300mm 的圆面，如图 2-123 所示。

图 2-122　　　　　　　　　　图 2-123

6. 单击【圆弧】按钮，沿圆面边缘绘制圆弧并与之相连接，然后用【旋转】工具将圆弧进行旋转复制，结果如图 2-124 和图 2-125 所示。

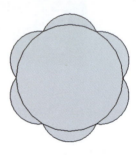

图 2-124　　　　　　　　　　图 2-125

7. 单击【删除】按钮，将圆形删除，结果如图 2-126 所示。
8. 单击【推/拉】按钮，将形状拉出 1500mm，形成形状体，结果如图 2-127 所示。

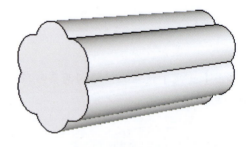

图 2-126　　　　　　　　　　图 2-127

9. 将墙体和形状体分别选中，并创建两个群组，如图 2-128 和图 2-129 所示。
10. 单击【移动】按钮，将形状体群组移到墙体群组上，结果如图 2-130 所示。
11. 继续移动操作，并重复多次按住 Ctrl 键，复制出多个形状体群组，结果如图 2-131 所示。

2.6 综合案例

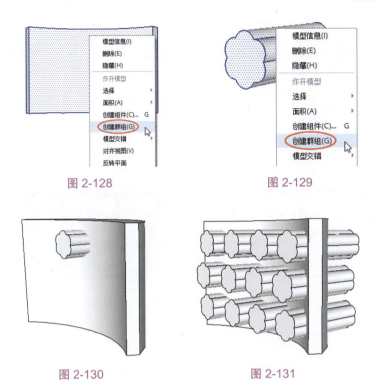

图 2-128　　　　　　　　　图 2-129

图 2-130　　　　　　　　　图 2-131

12. 单击【比例】按钮，对复制的形状体群组进行缩放，如图 2-132 所示。

13. 单击【差集】按钮，先选中第一个形状体群组，如图 2-133 所示。

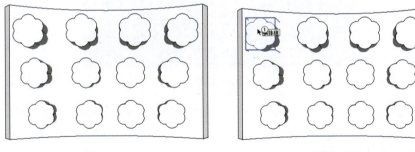

图 2-132　　　　　　　　　图 2-133

14. 接着选中墙体群组，如图 2-134 所示。两个群组产生的差集效果如图 2-135 所示。

15. 利用同样的方法，依次对墙体和形状体群组进行差集运算，形成镂空墙体，如图 2-136 所示。

16. 最后对镂空墙体填充适合的材质，如图 2-137 所示。

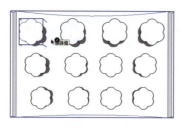
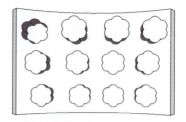

图 2-134　　　　　　　　　　　　图 2-135

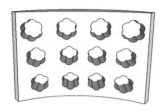
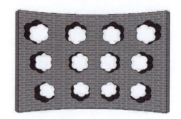

图 2-136　　　　　　　　　　　　图 2-137

## 2.6.2　案例 2：创建小房子

本案例主要利用绘图工具制作一个小房子模型，效果如图 2-138 所示。

图 2-138

1. 单击【矩形】按钮 ▱，绘制一个长为 5000mm、宽为 6000mm 的矩形面，如图 2-139 所示。

2. 单击【推/拉】按钮 ◈，将矩形面向上拉出 3000mm，形成一个长方体，如图 2-140 所示。

图 2-139　　　　　　　　　　　　图 2-140

3. 单击【直线】按钮 ✎，在长方体的矩形顶面上捕捉短边的中点绘制一条中心线，如图 2-141 所示。

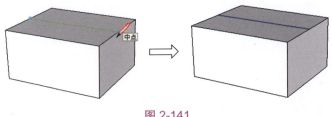

图 2-141

4. 单击【移动】按钮 ✥，将绘制的中心线向蓝色轴方向垂直向上移动，移动距离为 2500mm，如图 2-142 所示。

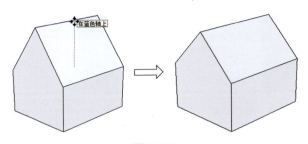

图 2-142

5. 单击【推/拉】按钮 ⬆，分别将形成房顶的两个斜面向法线方向拉（箭头方向），拉出距离均为 200mm，拉出结果如图 2-143 所示。

6. 继续推/拉操作，分别将图 2-144 所示的房子左右两个立面向内（箭头方向）推，推出距离为 200mm。

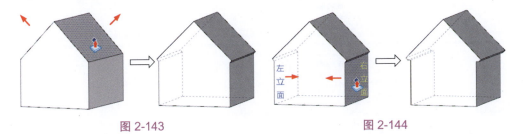

图 2-143　　　　　　　　　　图 2-144

7. 在【视图】工具栏中单击【前部】按钮，将当前视图切换至前部视图。接着按住 Ctrl 键选中房顶的两条边，再单击【偏移】按钮，将选中的两条边向内偏移复制，偏移距离为 200mm，将房子的前立面分割，如图 2-145 所示。

8. 单击【推/拉】按钮 ⬆，对偏移复制出来的分割面往外拉，拉出距离为 400mm，拉出的部分面为房顶的端面，如图 2-146 所示。

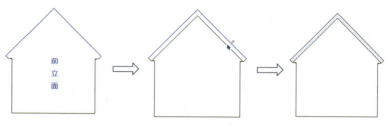

图 2-145

9. 同理，切换到【返回】视图后，将房子的后立面也进行相同的偏移复制与拉出操作，从而拉出房顶的另一端面，操作结果如图 2-147 所示。

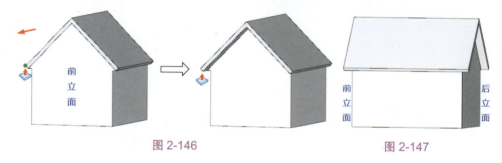

图 2-146　　　　　　　　　　　　　　图 2-147

10. 右击选中房子前立面的底部边线，在快捷菜单中选择【拆分】命令。接着在测量数值框内输入分段数值"3"，按 Enter 键确认后，SketchUp 自动将底部边线拆分为 3 段，如图 2-148 所示。

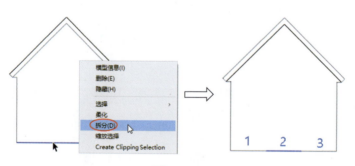

图 2-148

11. 单击【矩形】按钮，捕捉底边的拆分段端点，在房子的前立面绘制高为 2500mm、宽为 1500mm 的门框面，如图 2-149 所示。

12. 单击【推/拉】按钮，将绘制的门框面向里推出 200mm，随后删除门框面，可看到房子内部空间，如图 2-150 所示。

13. 单击【圆】按钮，分别在房子的左右两个立面上绘制相同的圆，直径为 1200mm，如图 2-151 所示。

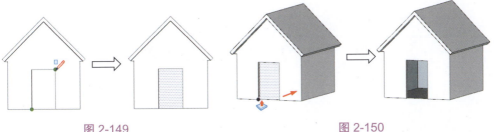

图 2-149　　　　　　　　　　　图 2-150

14. 单击【偏移】按钮，将绘制的圆向外偏移复制 50mm 以得到圆环面，如图 2-152 所示。

15. 单击【推/拉】按钮，将圆环面向墙立面外拉出 100mm，形成圆形凸起窗框，如图 2-153 所示。

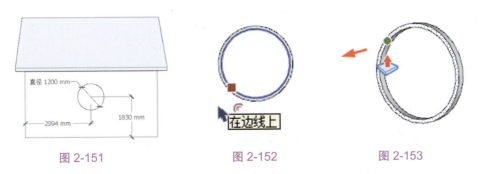

图 2-151　　　　　　图 2-152　　　　　　图 2-153

16. 切换到【顶视图】视图。单击【矩形】按钮，绘制矩形地面，尺寸不限定，结果如图 2-154 所示。

17. 为房子的各个面填充合适的材质，再为门框添加一个门组件，结果如图 2-155 所示。

18. 最后在场景中添加人物、植物等组件，完成小房子模型的创建，结果如图 2-156 所示。

图 2-154　　　　　　图 2-155　　　　　　图 2-156

# 第 3 章　应用材质与贴图

本章探讨 SketchUp 中的材质与贴图。SketchUp 中的材质大致包括颜色、漫反射和光泽度、反射与折射、透明度、自发光等属性。材质在 SketchUp 中应用广泛，将一个普通的模型添加上丰富多彩的材质，模型会显得更真实、更生动。贴图是将外部的图像文件（如 JPEG、PNG 等格式）应用到模型表面的一种方法。该方法能够极大地增强模型的真实感，尤其是对于一些复杂的纹理，如人物图案、复杂的花纹等，通过使用合适的贴图可以快速而有效地达到逼真的视觉效果。

## 3.1　应用材质

前面的章节中使用材质进行过填充操作，本节将具体介绍如何导入材质，如何利用材质生成器将图片生成为材质以及应用材质。

【例 3-1】导入材质。

下面以一组下载好的外界材质为例，介绍如何导入外界材质。

1. 在默认面板中打开【材质】卷展栏，如图 3-1 所示。
2. 单击【详细信息】按钮，在弹出的菜单中选择【打开和创建材质库】命令，如图 3-2 所示。

图 3-1

图 3-2

3. 在随后弹出的【选择集合文件夹或创建新文件夹】对话框中，从本例源文件夹中找到"SketchUp 材质"文件夹并选中，单击【选择文件夹】按钮，如图 3-3 所示。SketchUp 材质库被导入【材质】卷展栏中，如图 3-4 所示。

3.1 应用材质

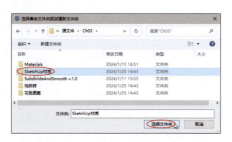

图 3-3

图 3-4

> **提示**：导入【材质】卷展栏中的材质必须是一个文件夹形式，材质文件夹中的材质文件必须是 SKM 格式。

【例 3-2】材质生成。

除了系统自带的材质，用户还可以下载、添加材质，或者利用材质生成器自制材质库。材质生成器是一个独立运行的小程序，它可以将 JPG、BMP 格式的素材图片转换成 SKM 格式，以便在 SketchUp 中直接使用。

1. 在本例源文件夹中双击 SKMList.exe 程序，弹出【SketchUp 材质库生成工具】对话框，单击【Path...】按钮，如图 3-5 所示。

2. 在弹出的【浏览文件夹】对话框中，从本例源文件夹中找到"地拼砖"文件夹，单击【确定】按钮，如图 3-6 所示。

图 3-5

图 3-6

3. 将当前的图片添加到材质生成器中，如图 3-7 所示。

4. 单击【Save...】按钮，弹出【另存为】对话框。新建一个文件夹用以存放转换的材质文件，为转换的材质文件命名"地拼砖"，单击【保存】按钮保存材质文件，如图 3-8 所示。

5. 关闭材质库生成工具。在 SketchUp 的默认面板中打开【材质】卷展栏，利用之前讲过的方法导入材质，图 3-9 所示为已经添加好材质的材质文件夹。

6. 双击文件夹，可以看到导入的材质，如图 3-10 所示。

图 3-7

图 3-8

图 3-9

图 3-10

【例 3-3】 应用材质。

利用之前导入的 SketchUp 材质，或者将自己喜欢的图片生成材质后应用到模型中。

1. 打开本例源文件"茶壶.skp"，如图 3-11 所示。
2. 打开默认面板中的【材质】卷展栏，在材质下拉列表中选择之前导入的"SketchUp 材质"文件夹，如图 3-12 所示。

图 3-11

图 3-12

3. 在绘图区中框选模型，然后在【材质】卷展栏中选择一种花纹材质，如图 3-13 和图 3-14 所示。
4. 将鼠标指针移到模型上单击，随即自动填充材质，如图 3-15 和图 3-16 所示。
5. 因为填充效果不理想，所以在【编辑】选项卡中修改贴图尺寸，如图 3-17 所示。修改后的效果如图 3-18 所示。

3.1 应用材质

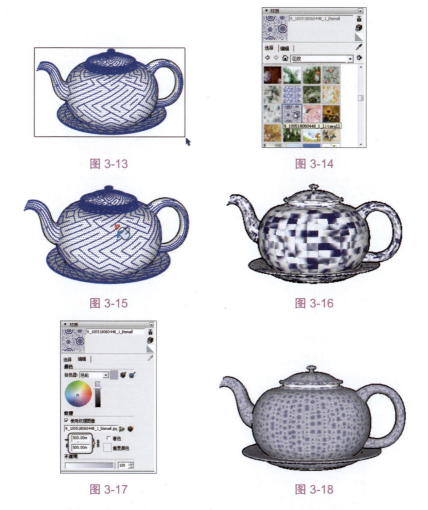

图 3-13　　　　　　　图 3-14

图 3-15　　　　　　　图 3-16

图 3-17　　　　　　　图 3-18

6. 继续利用拾色器选择新的颜色进行修改，如图 3-19 所示。修改后的效果如图 3-20 所示。

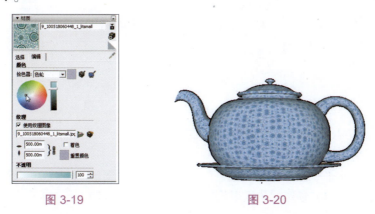

图 3-19　　　　　　　图 3-20

057

## 3.2 应用贴图

在 SketchUp 中，贴图的功能主要是将图像进行平铺。这就意味着在进行上色操作时，可以选择将图案或图形以垂直或水平的方式应用到任何实体上。SketchUp 提供两种贴图模式，即固定图钉模式和自由图钉模式，图钉用于控制贴图的坐标和方向。

### 3.2.1 固定图钉模式

在固定图钉模式下，每个图钉都具有特定的功能。通过固定一个或多个图钉，可以按比例缩放、倾斜、剪切和扭曲贴图。在贴图上单击时，请确保选择了固定图钉模式，并注意每个图钉旁边都有一个图标。这些图标代表了应用于贴图的不同功能，而这些功能仅在固定图钉模式下存在。

**一、固定图钉模式**

图 3-21 所示为固定图钉模式，其中 4 个图标的使用方法如下。

- ：拖动此图钉可移动贴图。
- ：拖动此图钉可调整贴图比例和旋转贴图。
- ：拖动此图钉可调整贴图比例和修剪贴图。
- ：拖动此图钉可以扭曲贴图。

**二、图钉快捷菜单**

图 3-22 所示为图钉快捷菜单，其中各命令的使用方法如下。

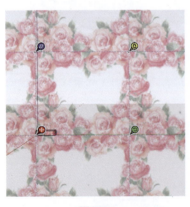

图 3-21

图 3-22

- 完成：退出贴图坐标，保存当前贴图坐标。
- 重设：重置贴图坐标。
- 镜像：水平（左/右）和垂直（上/下）翻转贴图。
- 旋转：可以在预定的角度里旋转 90°、180° 和 270°。

- 固定图钉：用于切换固定图钉模式与自由图钉模式。勾选即固定图钉模式，取消勾选即自由图钉模式。
- 撤销：可撤销最后一个贴图坐标的操作。
- 重复：重复选择上一个命令，也可以取消撤销操作。

### 3.2.2 自由图钉模式

要切换到自由图钉模式，只需在图钉快捷菜单中取消勾选【固定图钉】命令，如图 3-23 所示。虽然在自由图钉模式下，用户操作起来比较自由，不受约束，可以根据需要自由调整贴图，但相对来说没有固定图钉模式方便。

图 3-23

### 3.2.3 贴图技法

在 SketchUp 中，贴图技法大致可分为平面贴图、转角贴图、投影贴图和球面贴图 4 种，每一种贴图技法都有其巧妙之处。如果掌握了这几种贴图技法，就能充分发挥贴图的功能。

【例 3-4】平面贴图。

平面贴图只能对具有平面的模型进行贴图，下面通过一个实例来讲解平面贴图的方法。

1. 打开本例源文件"立柜门.skp"，如图 3-24 所示。
2. 打开默认面板中的【材质】卷展栏，给立柜门添加一种花纹材质，如图 3-25 和图 3-26 所示。
3. 选中立柜门右侧门上的贴图，右击并选择快捷菜单中的【纹理】/【位置】命令，切换到贴图的固定图钉模式，如图 3-27 和图 3-28 所示。
4. 根据之前所讲的图钉功能，调整贴图的 4 个图钉，调整后右击并选择快捷菜单中的【完成】命令，如图 3-29 所示。调整后的效果如图 3-30 所示。
5. 选中立柜门左侧门上的贴图，右击并选择快捷菜单中的【纹理】/【位置】命令，如图 3-31 所示，然后进行贴图的比例及位置调整，如图 3-32 所示。

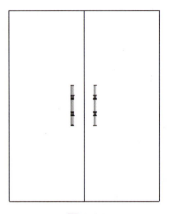
图 3-24

图 3-25

图 3-26

图 3-27

图 3-28

图 3-29

图 3-30

6. 调整完成后右击并选择快捷菜单中的【完成】命令，如图 3-33 所示。贴图调整完成后的最终效果如图 3-34 所示。

图 3-31

图 3-32

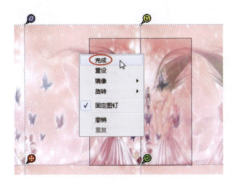

图 3-33

图 3-34

> **提示**：只能在标准视图平面中进行贴图操作。在贴图过程中按 Esc 键，可以结束贴图操作。在贴图操作过程中，可使用快捷菜单中的【撤销】命令恢复到前一个操作。

【例 3-5】转角贴图。

转角贴图可实现模型转角处的无缝连接，使贴图效果均匀。

1. 打开本例源文件"柜子 .skp"，如图 3-35 所示。
2. 打开默认面板中的【材质】卷展栏，给柜子添加一种花纹材质，如图 3-36 和图 3-37 所示。
3. 选中贴图，右击并选择快捷菜单中的【纹理】/【位置】命令，如图 3-38 所示。
4. 在固定图钉模式下调整图钉位置，如图 3-39 所示。调整完成后右击并选择快捷菜单中的【完成】命令，如图 3-40 所示。
5. 单击【颜料桶】按钮 并按住 Alt 键，鼠标指针变成 形状，对刚才调整的贴图进行吸取，如图 3-41 所示。

第 3 章　应用材质与贴图

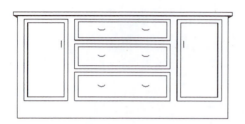

图 3-35

图 3-36

图 3-37

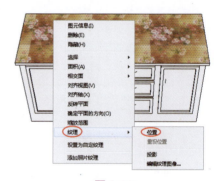

图 3-38

图 3-39

图 3-40

6. 吸取贴图后即可对相邻的面填充材质，形成贴图无缝连接的效果，如图 3-42 所示。

7. 同理，依次对柜子的其他地方填充贴图，效果如图 3-43 和图 3-44 所示。

【例 3-6】投影贴图。

投影贴图以投影的方式将图案投射到模型上。

3.2 应用贴图

图 3-41

图 3-42

图 3-43

图 3-44

1. 打开本例源文件"咖啡桌.skp",如图 3-45 所示。
2. 在菜单栏中选择【文件】/【导入】命令,导入图像文件"图案 4.jpg",并将导入的图片置于模型的正上方,如图 3-46 所示。

图 3-45

图 3-46

3. 同时选中模型和图片,右击并选择快捷菜单中的【炸开模型】命令将模型和图片分解,如图 3-47 所示。
4. 右击图片并选择快捷菜单中的【纹理】/【投影】命令,如图 3-48 所示。

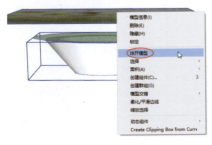

图 3-47

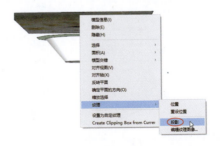

图 3-48

5. 在【样式】卷展栏中选择【X射线】风格，以X射线透射模式显示模型，方便查看投影效果，如图3-49所示。

6. 打开【材质】卷展栏，单击【样本颜料】按钮，吸取图片材质，如图3-50所示。

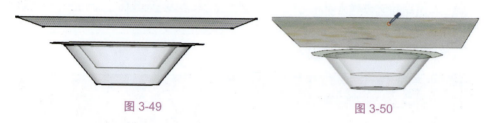

图 3-49　　　　　　　　　　　　图 3-50

7. 选中模型以填充材质，如图3-51所示。

8. 取消X射线透射模式显示，删除图片后得到最终的效果，如图3-52所示。

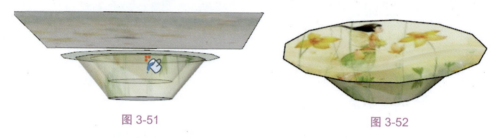

图 3-51　　　　　　　　　　　　图 3-52

【例 3-7】球面贴图。

球面贴图同样以投影的方式将图案投射到球面上。

1. 绘制一个球体和一个矩形面，矩形面的边长与球体的最大截面的圆周长相等，如图3-53所示。

2. 在【材质】卷展栏的【编辑】选项卡下导入本例源文件夹中的"地球图片.jpg"，将其填充到矩形面上，如图3-54和图3-55所示。

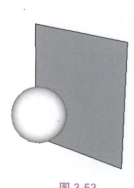 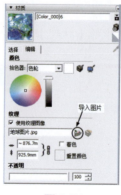 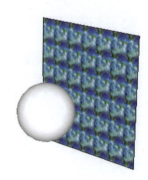

图 3-53　　　　　　图 3-54　　　　　　图 3-55

3. 填充的贴图不均匀，右击贴图并选择快捷菜单中的【纹理】/【位置】命令，开启固定图钉模式，然后调整贴图，如图 3-56 所示。调整结果如图 3-57 所示。

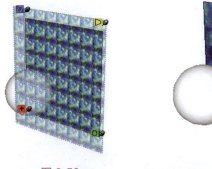
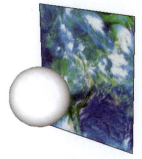

图 3-56　　　　　　　　图 3-57

4. 在矩形面上右击并选择快捷菜单中的【纹理】/【投影】命令，如图 3-58 所示。

5. 单击【材质】卷展栏中的【样本颜料】按钮 ，吸取矩形面贴图，如图 3-59 所示。

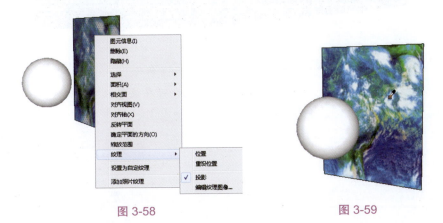

图 3-58　　　　　　　　图 3-59

6. 单击球面以填充贴图，如图 3-60 所示。最后将图片删除，得到图 3-61 所示的结果。

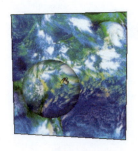

图 3-60　　　　　　　　图 3-61

## 3.3 综合案例

基于前面介绍的贴图技法，本节讲解几个案例的操作，帮助读者更加灵活地应用材质和贴图。

### 3.3.1 案例1：填充房屋材质

本案例主要利用材质工具对一个房屋模型填充适合的材质，图3-62所示为效果图。

图3-62

1. 打开本例源文件"房屋模型.skp"，如图3-63所示。
2. 如果默认面板中没有显示【材质】卷展栏，可在菜单栏中选择【窗口】/【默认面板】/【材质】命令，弹出【材质】卷展栏，如图3-64所示。

图3-63

图3-64

3. 在【材质】卷展栏的【选择】选项卡中选择【复古砖01】砖材质，将其填充给墙体，如图3-65所示。
4. 如果填充的材质尺寸过大或者过小，可在【编辑】选项卡中修改纹理尺寸，如图3-66所示。

3.3 综合案例

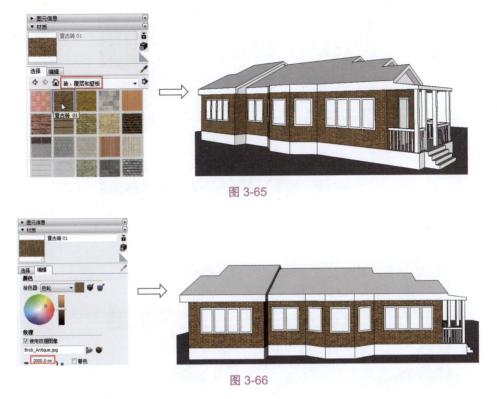

图 3-65

图 3-66

5. 分别选择【人造草被】草皮材质和【沥青屋顶瓦】屋顶材质，用以填充地面和屋顶，如图 3-67 所示。

图 3-67

6. 分别选择【颜色适中的竹木】木质纹材质、【带阳极铝的金属】材质、【染色半透明玻璃】材质和【大理石石材】材质，用以填充门、窗框、窗户玻璃和结构柱，如图 3-68 所示。

图 3-68

7. 选择【原色樱桃木】材质来填充栏杆，如图 3-69 所示。

图 3-69

8. 选择【大理石 Carrera】材质，填充地板、台阶及房屋地基层的外墙面，如图 3-70 所示。

图 3-70

## 3.3.2 案例 2：创建瓷盘贴图

本案例主要应用材质工具，在固定图钉模式下创建瓷盘贴图。

1. 打开本例源文件"瓷盘.skp"，如图 3-71 所示。

2. 在【材质】卷展栏的【选择】选项卡中任选一种材质或颜色填充给瓷盘，接着在【编辑】选项卡中单击【浏览材质图像文件】按钮，导入本例源文件夹中的"图案1.bmp"文件，将贴图材质填充给瓷盘，如图3-72和图3-73所示。

图 3-71　　　　　　　　　图 3-72　　　　　　　　　图 3-73

3. 在菜单栏中选择【视图】/【隐藏物体】命令，将模型以虚线形式显示，整个模型面被均分为多份，如图3-74所示。

4. 右击其中一份贴图，选择快捷菜单中的【纹理】/【位置】命令，开启固定图钉模式。调整贴图后右击，选择快捷菜单中的【完成】命令，完成贴图的调整，如图3-75～图3-77所示。

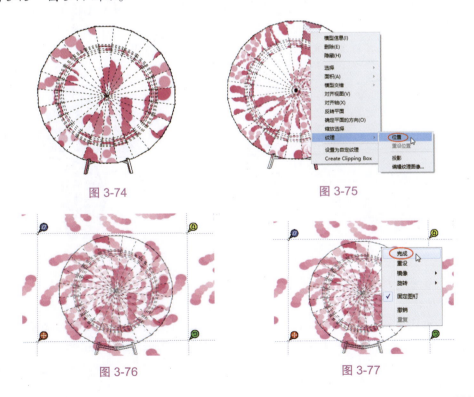

图 3-74　　　　　　　　　　　　　　　图 3-75

图 3-76　　　　　　　　　　　　　　　图 3-77

5. 在【材质】卷展栏中单击【样本颜料】按钮，吸取调整好的贴图，如图 3-78 所示。然后依次对模型虚线中的其余部分进行填充，如图 3-79 所示。

6. 再次选择菜单栏中的【视图】/【隐藏物体】命令，将虚线取消显示，最终贴图效果如图 3-80 所示。

图 3-78　　　　　　　　图 3-79　　　　　　　　图 3-80

### 3.3.3　案例 3：创建台灯贴图

本案例主要使用纹理图像和隐藏物体功能来创建台灯贴图。

1. 打开本例源文件"台灯.skp"，如图 3-81 所示。
2. 在【材质】卷展栏的【选择】选项卡中任选一种材质或颜色填充给台灯，接着在【编辑】选项卡中单击【浏览材质图像文件】按钮，导入本例源文件夹中的"图案 2.bmp"文件，再将其填充给台灯，如图 3-82 和图 3-83 所示。

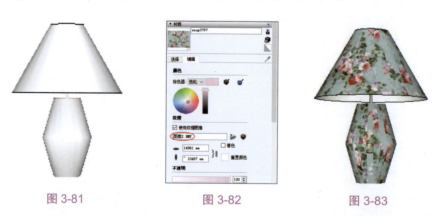

图 3-81　　　　　　　　图 3-82　　　　　　　　图 3-83

3. 在菜单栏中选择【视图】/【隐藏物体】命令，将模型以虚线形式显示，如图 3-84 所示。

4. 右击某一个面中的贴图，再选择【纹理】/【位置】命令，然后调整贴图，最后右击并选择快捷菜单中的【完成】命令，完成贴图的调整，如图 3-85 ～图 3-87 所示。

3.3 综合案例

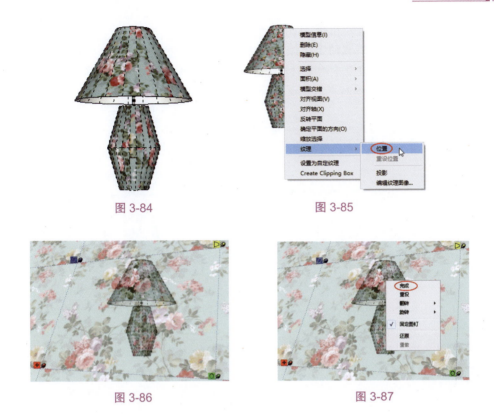

图 3-84　　　　　　　　　　图 3-85

图 3-86　　　　　　　　　　图 3-87

5. 单击【样本颜料】按钮 ![], 吸取调整好的贴图, 然后依次填充到虚线中的其他面上, 如图 3-88 和图 3-89 所示。

6. 再次选择菜单栏中的【视图】/【隐藏物体】命令, 将虚线取消显示, 最终效果如图 3-90 所示。

图 3-88　　　　　图 3-89　　　　　图 3-90

## 3.3.4 案例 4：创建花瓶贴图

本案例主要使用贴图图像和隐藏物体功能来创建花瓶贴图。

# 第3章 应用材质与贴图

1. 打开本例源文件"花瓶.skp",如图3-91所示。
2. 在【材质】卷展栏的【选择】选项卡中任选一种材质或颜色填充给花瓶,接着在【编辑】选项卡中单击【浏览材质图像文件】按钮,导入本例源文件夹中的"图案3.bmp"文件,再将其填充给花瓶,如图3-92和图3-93所示。

图 3-91

图 3-92

图 3-93

3. 在菜单栏中选择【视图】/【隐藏物体】命令,将模型以虚线形式显示,如图3-94所示。
4. 右击模型平面,在快捷菜单中选择【纹理】/【位置】命令,调整贴图后,右击并选择快捷菜单中的【完成】命令,如图3-95 ~ 图3-97所示。

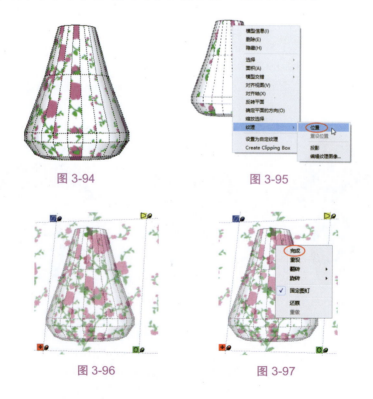
图 3-94      图 3-95

图 3-96      图 3-97

5. 单击【样本颜料】按钮 ，吸取调整好的贴图，如图 3-98 所示。
6. 依次对模型的其他虚线中的面进行填充，如图 3-99 所示。
7. 选择菜单栏中的【视图】/【隐藏物体】命令，将虚线取消显示，效果如图 3-100 所示。

图 3-98　　　　　　　　图 3-99　　　　　　　　图 3-100

# 第 4 章 AI 辅助智能插件设计

本章将介绍 AI 在建筑模型设计中的应用，探讨为 SketchUp 安装插件的必要性以及基于 AI 的插件设计方法。重点讲解 Ruby API 的使用、插件开发流程和自定义插件的制作步骤，帮助读者了解 AI 如何提升建筑设计的效率和创新性。

## ■ 4.1 SketchUp 插件简介

SketchUp 自带的建模功能通常只能做一些比较简单的造型或房屋建筑设计，而对于一些复杂的产品及建筑造型，比如图 4-1 所示的工艺品及建筑造型，使用 SketchUp 就无法轻松完成。

图 4-1

图 4-1 所示的工艺品及建筑造型的设计需借助 SketchUp 的插件才能够轻松完成。插件是 SketchUp 软件商或第三方插件开发作者根据设计师的建模习惯、工作效率要求及行业设计标准进行开发的扩展程序。有些插件的功能十分强大，有些比较单一。

下面介绍几种使用或购买插件的方法。

### 4.1.1 到扩展程序商店下载插件

我们首先来看看 SketchUp 2024 安装的插件有哪些。在菜单栏中选择【扩展程序】/【扩展程序管理器】命令，将打开【扩展程序管理器】对话框。此对话框中列出了 SketchUp 自带的插件，如图 4-2 所示。

4.1 SketchUp 插件简介

图 4-2

如果用户购买了非官方提供的插件,则可以单击【安装扩展程序】按钮,将 RBZ 格式文件打开,然后就可以使用对应插件提供的功能了。

如果需要使用官方扩展程序商店的插件,可以在菜单栏中选择【扩展程序】/【Extension Warehouse】命令,打开【Extension Warehouse】对话框,其中列出了所有可用的插件,如图 4-3 所示。

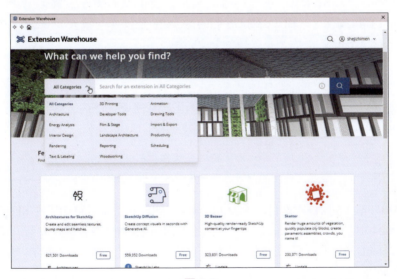

图 4-3

【Extension Warehouse】对话框默认为英文显示。在类型列表中选择插件类型,在搜索栏中输入具体的插件名或某个行业的关键词,都可找到想要的插件,如图 4-4 所示。扩展程序商店的插件全是英文版本的,且有一定的试用期限,这对一些英语水平不太好的用户来讲不太方便,而且这些插件都没有进行集成与优化。因此,笔者推荐使用国内插件爱好者中文汉化后的 SketchUp 插件。

# 第 4 章　AI 辅助智能插件设计

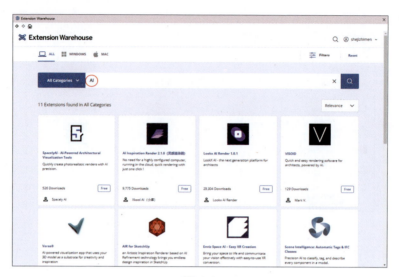

图 4-4

目前国内许多 SketchUp 学习网站都会向设计师推出一些汉化插件，其中有免费的，也有收费的。收费的汉化插件全都做了界面优化，比较出名的有坯子库、SketchUp 吧、紫天 SketchUp 中文网等。其中，坯子库的插件多数是免费的，但比较零散，没有集成优化。而 SketchUp 吧的 SUAPP 插件库与紫天 SketchUp 中文网的 RBC_Library（RBC 扩展库）是收费的。

## 4.1.2　SUAPP 插件库

SketchUp 吧的 SUAPP 插件库是目前国内应用较为广泛的云端插件库。SUAPP 插件库中的插件下载及使用都很简便，也便于教学。

> **提示**：若想免费使用 SUAPP 插件库，可以下载 SUAPP Free 1.7（离线/免费基础版），它有百余项插件功能是免费使用的，可满足日常建模需求，同时适合新手使用。

SUAPP Pro 3.8 插件库是目前 SUAPP 插件库的最新版本，可应用在 SketchUp Pro 2017～2024 中。在 SketchUp 吧官方网站购买使用插件权限后进行安装，安装成功后会在 SketchUp 中显示【SUAPP 3 基本工具栏】工具栏，如图 4-5 所示。

图 4-5

【例 4-1】SUAPP 插件库的插件下载与安装。

首先进入 SketchUp 吧官方网站，然后根据行业设计的需求，在【插件分类】列表中选择插件分类，如需要用于基于 BIM 的建筑设计的插件，可以在【轴网墙体】、

## 4.1 SketchUp 插件简介

【门窗构件】、【建筑设施】、【房间屋顶】、【文字标注】、【线面工具】及【三维体量】等分类中去下载相关的插件，如图4-6所示。

图 4-6

1. 在【SUAPP 3 基本工具栏】中单击【管理我的插件】按钮，进入 SketchUp 吧官方网站。

2. 在【轴网墙体】插件分类中找到【画点工具（Point Tool）】插件，单击此插件右侧的【免费 安装】按钮，如图4-7所示。

图 4-7

3. 在弹出的【添加我使用的插件】对话框中单击【简体中文】按钮以指定插件语言，再单击【确定安装】按钮，随后会自动下载该插件，如图4-8所示。

图 4-8

4. 同理，下载并安装其他所需的插件。要想在 SketchUp 中使用这些插件，需在

【SUAPP 3 基本工具栏】中单击【SUAPP 面板】按钮，弹出【SUAPP Pro 3.8(64bit)】面板。图 4-9 所示为笔者安装了所需的插件后【SUAPP Pro 3.8(64bit)】面板的状态。

5. 如果需要删除【SUAPP Pro 3.8(64bit)】面板中某些不常用的插件，可在【SUAPP Pro 3.8(64bit)】面板中单击【我的插件库】按钮，进入 SketchUp 吧官方网站的【我的插件库】页面，选择要删除的插件，单击【删除】按钮，如图 4-10 所示。

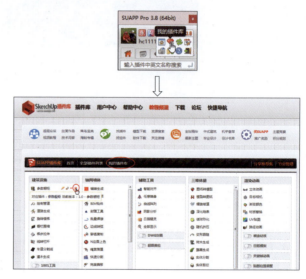

图 4-9　　　　　　　　　　　　　　图 4-10

6.【SUAPP Pro 3.8(64bit)】面板可在 SketchUp 软件窗口中自由放置。为了不影响用户建模，可在菜单栏中选择【扩展程序】/【SUAPP 设置】/【融合布局】命令，将【SUAPP Pro 3.8(64bit)】面板固定在绘图区右侧，如图 4-11 所示。

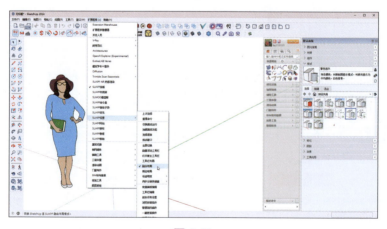

图 4-11

7. 除可以使用插件进行建模，还可以在【SUAPP Pro 3.8(64bit)】面板中单击【我的模型】按钮，打开【SUAPP-SketchUp 模型库】对话框以获取免费模型，单击某种模型，可将其下载到 SketchUp 的绘图区中，如图 4-12 所示。

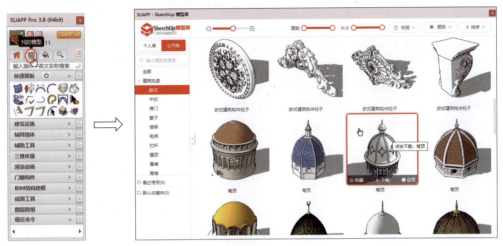

图 4-12

## 4.2 基于 AI 的插件设计方法

SketchUp 具有强大的二次开发能力。SketchUp 的二次开发主要通过 Ruby API 进行，允许用户使用 Ruby 语言来创建插件或扩展功能，以增强 SketchUp 的功能。
以下是 SketchUp 的二次开发主题。

- Ruby API：SketchUp 提供了 Ruby API，允许用户编写 Ruby 代码以执行各种任务，包括创建、编辑和操作模型。用户可以使用 Ruby API 自动化任务、生成报告、添加自定义工具等。
- 插件开发：用户可以编写插件来扩展 SketchUp 的功能。这些插件可以添加新工具、菜单命令、工具栏按钮，甚至修改软件的行为。用户也可以使用 SketchUp 的扩展仓库（如 Extension Warehouse）去分享自己编写的插件。
- 用户界面自定义：用户可以自定义 SketchUp 的用户界面，以适应工作流程，包括创建自定义工具栏、上下文菜单、对话框和快捷键等。
- 数据导入和导出：SketchUp 支持多种文件格式，也可以编写插件来支持其他格式。这对于集成 SketchUp 的工作流程非常有用。
- 模型操作：使用 Ruby API，用户可以编写 Ruby 代码来操作和修改模型，包括创建、删除、移动、旋转、缩放组件、绘制线条、修改材质等。

- 交互性：用户可以创建具有用户交互性的插件，如绘图工具或模型检查工具。这需要处理用户的鼠标和键盘输入。
- 报告生成：如果需要生成报告或数据输出，用户可以编写插件来自动提取和处理 SketchUp 模型中的信息，并将其导出为不同格式的文件，如 CSV、PDF 等。
- 网络连接：如果需要与 Web 服务或其他应用程序进行通信，用户可以编写插件来实现这一功能。

如果进行 SketchUp 的二次开发，就需要掌握 Ruby 语言，熟悉 SketchUp 的 Ruby API 文档，以及了解三维建模基础知识。

本节仅介绍利用 SketchUp 的 Ruby API，并在 Ruby 控制台中演示运行 Ruby 代码来创建三维模型。

### 4.2.1 利用 ChatGPT 生成 Ruby 代码创建和更改模型

ChatGPT 是 AI 大语言模型，能够按照用户的指令来生成 Ruby 代码。下面我们用比较简单的案例演示如何利用 ChatGPT 生成 Ruby 代码。

【例 4-2】利用 ChatGPT 生成 Ruby 代码。

1. 在 ChatGPT 中和它进行语言交流，问它一些关于 SketchUp 的 Ruby 的问题，让它对 Ruby 有一个比较深的认知，如图 4-13 所示。
2. 给 ChatGPT 下达指令，让它生成 Ruby 代码，如图 4-14 所示。

图 4-13

图 4-14

3. 单击 ChatGPT 代码框的【Copy code】按钮，将生成的 Ruby 代码复制到剪贴板。
4. 在 SketchUp 中，选择菜单栏中的【扩展程序】/【开发人员】/【Ruby 控制台】命令，打开【Ruby 控制台】对话框。
5. 将剪贴板中复制的 Ruby 代码粘贴到下方的代码编辑区，随后按 Enter 键确认。Ruby API 会自动执行 Ruby 代码，执行的 Ruby 代码会在代码显示区显示，并在 SketchUp 的绘图区中生成三维模型，如图 4-15 所示。

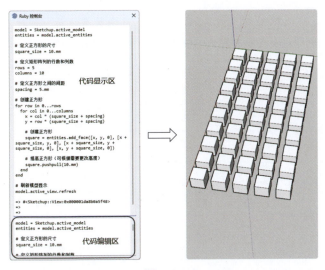

图 4-15

> **提示**：用户可以在代码编辑区手动修改 Ruby 代码。

6. 将绘图区中的模型面删除，仅保留一个面，如图 4-16 所示。
7. 在 ChatGPT 重新建立一个对话，并输入新的信息指令，让其生成新的 Ruby 代码，如图 4-17 所示。

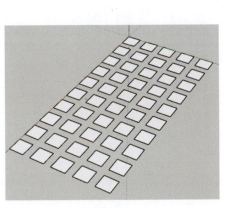

图 4-16

图 4-17

> **提示：** 不要在一个 ChatGPT 对话中进行其他代码生成操作，因为 ChatGPT 有上下文提示功能，即后面生成的代码会受到前面代码的影响，不会生成所需代码。

8. 复制生成的 Ruby 代码。在 SketchUp 中，选中所有的面，再打开【Ruby 控制台】对话框，将复制的 Ruby 代码粘贴到代码编辑区中，按 Enter 键运行，如图 4-18 所示。

图 4-18

9. 随后会弹出一个【SketchUp】对话框，提示输入推拉的最小值，输入"1"并单击【好】按钮；接着输入最大值"5"，单击【好】按钮后，SketchUp 自动创建推拉模型，如图 4-19 所示。

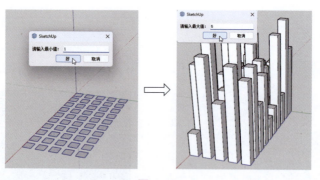

图 4-19

10. 将 Ruby 代码复制并保存到记事本文件中，然后将记事本文件的后缀 .txt 改为 .rb。将创建好的文件复制到 C:\Users\Administrator\AppData\Roaming\SketchUp\SketchUp 2024\SketchUp\Plugins 文件夹中，随后可在 SketchUp 的扩展程序管理器中找到该插件，如图 4-20 所示。

## 4.2 基于AI的插件设计方法

> **提示**：这种方法目前还不能从扩展程序管理器中正确调用Ruby插件，但在启动SketchUp之后可以自动执行插件指令，不过效果不太好。一般制作成RB格式的插件。

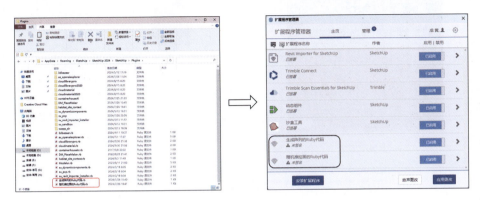

图 4-20

### 4.2.2 利用ChatGPT生成Ruby代码来随机布局植物

下面利用ChatGPT生成可随机布局植物的Ruby代码，以此在场景中快速布置植物，但并非简单的阵列植物，而是将植物随机布置，并且植物的大小各不相同。

【例4-3】利用ChatGPT生成Ruby代码随机布局植物。

1. 在ChatGPT中新建一个对话，然后输入信息并按Enter键发送，如图4-21所示。

图 4-21

2. 随后ChatGPT自动生成Ruby代码，如图4-22所示。复制生成的Ruby代码。
3. 在SketchUp中打开本例源文件夹中的"2D树.skp"文件，将树组件放置在坐标系原点处，如图4-23所示。
4. 选中树组件，选择菜单栏中的【扩展程序】/【开发人员】/【Ruby控制台】命令，打开【Ruby控制台】对话框，将复制的Ruby代码粘贴到代码编辑区中。
5. 按Enter键运行，弹出【复制数量】询问对话框，按提示输入复制数量"100"，然后单击【好】按钮或者按Enter键确认。
6. 接着按提示输入区域面积的长度和宽度参数、随机变换大小范围的最小和最大缩放比例参数，如图4-24所示。
7. 输入参数后发现并没有自动布置树组件，初步判定是Ruby代码出现了问题，需要将问题表述给ChatGPT，使其修改并重新生成Ruby代码，如图4-25所示。

图 4-22

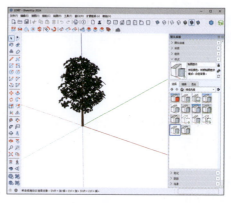

图 4-23

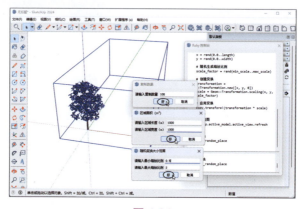

图 4-24

8. 复制重新生成的 Ruby 代码，再将其粘贴到 SketchUp 的【Ruby 控制台】对话框中并运行，依次输入设置参数后，系统自动布置树组件，而且是随机布置，如图 4-26 所示。

图 4-25

图 4-26

9. 最后将模型结果保存，同时将 Ruby 代码复制并粘贴到新建的记事本文件中，修改记事本文件名（命名为 stochastic bush），以备后用。

### 4.2.3 轻松制作自定义的插件

像上一小节这种掐头去尾的 Ruby 代码，是很难用作 SketchUp 的插件进行调用的，还需要自定义插件按钮、信息提示等功能。下面以制作"随机布置组件"插件为例，介绍制作自定义插件的操作步骤。

【例 4-4】制作自定义的插件。

1. 要制作真正意义上的插件，仅靠 ChatGPT 是无法实现的。在本例源文件夹中准备了"完整插件程序参考.txt"文件，可将其放在 ChatGPT 中供 ChatGPT 参考，以生成合格的 Ruby 代码。

2. 接下来在 ChatGPT 中继续前面的聊天话题，先输入新的信息指令，再按 Shift+Enter 组合键换行，然后将"完整插件程序参考.txt"文件中的文本复制、粘贴进去，如图 4-27 所示。随后 ChatGPT 根据提出的要求重新生成 Ruby 代码，如图 4-28 所示。

图 4-27

图 4-28

3. 复制新生成的 Ruby 代码，然后新建一个空白记事本文件，将 Ruby 代码粘贴到记事本文件中，并根据实际情况修改插件图标名称、工具条提示文本和状态栏文本的文字，以及插件图标的路径，最好将两个图标放在不会改变的文件路径下。要修改的部分如图 4-29 所示。

> **提示**：插件图标大图片的分辨率为 6.35mm×6.35mm，插件图标小图片的分辨率为 4.23mm×4.23mm。最好放在 C 盘根目录中。

4. 保存文件，接着修改文件名为"随机布置组件"，并将文件的扩展名".txt"改为".rb"，转换成插件文件，如图 4-30 所示。

## 第4章 AI辅助智能插件设计

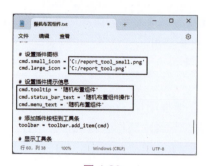

图 4-29

图 4-30

5. 将创建的"随机布置组件.rb"插件文件复制 SketchUp 的插件路径下：C:\Users\Administrator\AppData\Roaming\SketchUp\SketchUp 2024\SketchUp\Plugins，如图 4-31 所示。

图 4-31

6. 重启 SketchUp，选择模板后自动进入 SketchUp 工作环境中，此时绘图区中会自动显示无名的工具条（Ruby 代码中没有这个提示，可让 ChatGPT 继续添加这段 Ruby 代码），这个无名工具条中的工具就是之前创建的插件，将鼠标指针移动到图标上，会显示"随机布置组件"的信息，如图 4-32 所示，状态栏中也会显示相应提示。

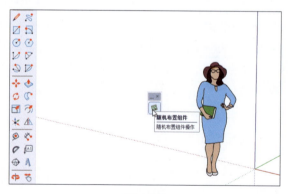

图 4-32

7. 接下来验证新插件是否能够正确创建所需的组件。先选中绘图区中的人物组件，然后单击【随机布置组件】按钮，会弹出【复制数量】对话框，提示输入数量值，输入"10"，单击【好】按钮，如图4-33所示。

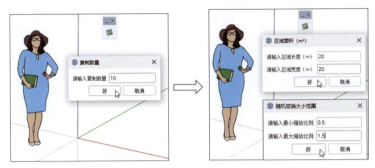

图 4-33

8. 依次输入【区域面积】和【随机变换大小范围】的参数值，最后单击【好】按钮，SketchUp自动创建随机布置的组件，如图4-34所示。

图 4-34

# 第 5 章 AI 辅助场景渲染

本章探讨 AI 在场景渲染领域的应用。随着计算能力的持续提升和算法的不断优化，AI 正在成为场景渲染的有力助手。从自动化生成场景元素，到智能优化渲染参数，再到快速预测成像效果，AI 在提高场景渲染效率和质量方面发挥了重要作用。

## 5.1 V-Ray for SketchUp 渲染器简介

V-Ray for SketchUp（简称 V-Ray）渲染器是 Chaos Group 公司的产品，也是强大的全局照明渲染器之一，适用于建筑和产品的渲染。

过去，在创建复杂场景时，往往需要花费大量时间调整光源的位置和强度，以获得理想的照明效果。而 V-Ray 具有全局照明和光线追踪功能，能够在不放置任何光源的情况下渲染出出色的图像。它还支持 HDRI 纹理，具备强大的着色引擎、灵活的材质设定和较快的渲染速度等特点。最为突出的是其焦散功能，能够产生逼真的焦散效果，因此 V-Ray 又被誉为"焦散之王"。

由于 SketchUp 没有内置渲染器，要实现照片级的渲染效果，必须依赖其他渲染器。通过使用 V-Ray，既可以发挥 SketchUp 的优势，又能弥补其不足，从而创作出高质量的渲染作品。

### 5.1.1 V-Ray 的优点和材质分类

目前，能应用在 SketchUp 2024 的 V-Ray 插件版本为 V-Ray 6.20.04 for SketchUp 2024。下面介绍 V-Ray 插件的优点和材质分类。

**一、V-Ray 的优点**

- V-Ray 具有高质量的渲染效果，支持室外、室内及产品渲染。
- V-Ray 支持在 SketchUp 中进行实时可视化设计，如在模型中穿行、添加材质、设置灯光和摄像机等，全部在场景的实时画面中。
- V-Ray 还支持其他三维软件，如 3ds Max、Maya 等，其使用方式及界面相似。
- V-Ray 以插件的方式实现对 SketchUp 场景的渲染，实现了与 SketchUp 的无缝整合，使用很方便。

- V-Ray 6.20.04 for SketchUp 2024 具备全新的【V-Ray Frame Buffer】窗口，内置合成功能。用户可以调整颜色、组合渲染元素、保存预设以备后用，且无须其他软件配合。
- V-Ray 6.20.04 for SketchUp 2024 有一个全新的工具——Light Gen（灯光生成），该工具自动生成 SketchUp 场景的小样图。每张小样图都是不同的灯光预设，单击即可渲染。

### 二、V-Ray 的材质分类

V-Ray 的材质分为标准材质和高级材质。标准材质是 V-Ray 的基本材质，用户无须修改其材质参数，直接使用即可。高级材质是基于标准材质并通过调整其材质参数生成的新材质，可以模拟出一些特殊效果，常见的高级材质如角度混合材质、双面材质、随机化材质等。

- V-Ray 标准材质：标准材质包含内置的清漆层和布料光泽层。清漆层可以轻松创建如刷清漆的木材等有反射层的材质，布料光泽层可以轻松创建如丝绸布料和天鹅绒等材质，如图 5-1 所示。
- 角度混合材质：该材质可以根据视角的变化混合不同的材质效果，为场景增添更多的细节和真实感，如图 5-2 所示。

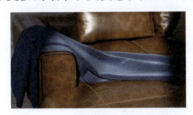
图 5-1

图 5-2

- 双面材质：这种材质允许模型的两个面具有不同的材质属性，适用于需要表现模型内外不同材质的场景，如图 5-3 和图 5-4 所示。

图 5-3

图 5-4

> 提示：利用双面材质可以对模型的正反面使用不同的材质，如图 5-5 所示。

- 随机化材质：该材质是通过随机增加真实感材质、调整纹理平铺与随机平铺、进行材质颜色校正与变化、使用置换贴图与细节增强、调整灯光与阴影效果以及利用材质库与预设等方法，提升场景的真实度和视觉丰富性，如图 5-6 所示。

图 5-5

图 5-6

## 5.1.2　V-Ray 的渲染工具栏

图 5-7 所示为 SketchUp 中的 V-Ray 渲染工具栏。

图 5-7

在【V-Ray for SketchUp】工具栏中单击【资产编辑器】按钮，弹出【V-Ray Asset Editor】窗口，如图 5-8 所示。【V-Ray Asset Editor】窗口中包含用于管理 V-Ray 资产、进行渲染设置的选项卡及下拉列表。

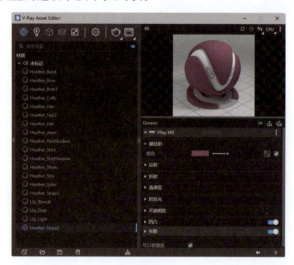

图 5-8

除了用选项卡控制渲染质量，还可使用渲染工具进行渲染质量的后期处理，如

图 5-9 所示。

单击【打开 V-Ray 帧缓存】按钮▦，打开【V-Ray Frame Buffer】窗口，如图 5-10 所示，可通过该窗口查看渲染过程。

图 5-9

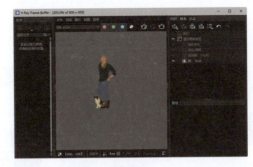

图 5-10

> **提示：** 在【V-Ray Frame Buffer】窗口中，可将左侧的【历史】选项卡和右侧的【图层】、【状态】、【日志】等选项卡隐藏，以便最大化显示渲染窗口。隐藏方法是将中间的渲染窗口的边框往左拖和往右拖。

## 5.2　V-Ray 渲染应用案例

本案例以室内厨房空间为渲染对象，介绍室内、室外布光的技巧。

本案例的渲染参考图如图 5-11 所示。对比渲染参考图，需要创建一个与渲染参考图中视图角度及摄像机位置都相同的场景，如图 5-12 所示。

图 5-11

图 5-12

由于材质的应用不是本节的重点，所以案例源文件中已经完成了材质的添加，接下来的操作主要以布光、调色及后期处理为主。

## 5.2.1 创建场景和布光

### 一、创建场景

1. 打开本例源文件"室内厨房.skp",如图 5-13 所示。
2. 调整好视图角度和摄像机位置,然后在菜单栏中选择【视图】/【两点透视】命令,效果如图 5-14 所示。

图 5-13

图 5-14

3. 在【场景】卷展栏中单击【添加场景】按钮⊕,创建名为"场景号1"的场景,如图 5-15 所示。

图 5-15

### 二、布光

1. 添加穹顶灯光。单击【无限大平面】按钮,添加一个无限大平面,如图 5-16 所示。
2. 单击【穹顶灯光】按钮,将穹顶灯光放置在与无限大平面相同的位置,如图 5-17 所示。
3. 接下来为穹顶灯光添加 HDRI 贴图,让室外显示景色。在【V-Ray Asset Editor】窗口的【灯光】选项卡中选中穹顶灯光(Dome Light),然后在右侧展开的【参数】卷展栏中单击【纹理栏】按钮,如图 5-18 所示。

## 5.2 V-Ray 渲染应用案例

图 5-16

图 5-17

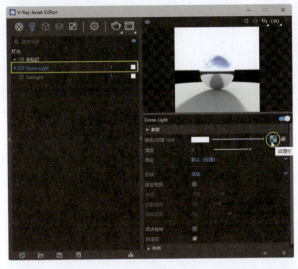

图 5-18

4. 从本例源文件夹中打开图片文件"外景.jpg",并设置穹顶灯光的强度值和贴图选项,如图 5-19 所示。单击【使用 V-Ray 交互式渲染】按钮进行交互式渲染,在【V-Ray Frame Buffer】窗口中单击【区域渲染】按钮绘制渲染区域,查看初次渲染效果,如图 5-20 所示。

图 5-19

图 5-20

093

5. 从渲染效果看，穹顶灯光太暗了，没有显示出室外风景。在【灯光】选项卡中调整穹顶灯光的强度为"80"，再次进行交互式渲染并查看效果，如图5-21所示。

图 5-21

6. 虽然室外风景显现出来了，但室内光照不足。要表现出晴天的光照效果，可打开V-Ray自动创建的太阳光源并调整日期与时间，进行交互式渲染的结果如图5-22所示。关闭太阳光源。

图 5-22

7. 在窗外添加矩形灯光表示天光。单击【矩形灯光】按钮 ，调整矩形灯光的大小及位置，如图5-23所示。

8. 利用【矩形】工具 绘制矩形面将房间封闭，如图5-24所示。

9. 在【V-Ray Asset Editor】窗口的【灯光】选项卡中设置矩形灯光（Rectangle Light）的光源强度为"150"，设置太阳光源（SunLight）的强度为"0"，在【选项】卷展栏中勾选【不可见】复选框，如图5-25所示。

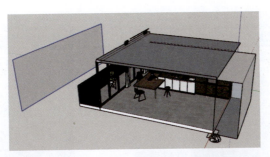

图 5-23

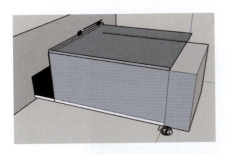

图 5-24

图 5-25

10. 查看实时的交互式渲染效果，发现已经有光反射到室内，如图 5-26 所示。

图 5-26

11. 在【设置】选项卡中关闭【材质覆盖】，再查看材质的表现情况。从表现效果看，整个室内场景的光色较冷，局部区域照明不足，因此可以在室内添加矩形灯光，或者修改某些材质的反射参数。

12. 利用【材质】卷展栏中的【样本颜料】工具 在场景中拾取橱柜的材质，拾取的材质会在【V-Ray Asset Editor】窗口的【材质】选项卡中显示，然后修改其反射参数，如图 5-27 所示。

13. 其余材质的参数也按此方法进行修改。在交互式渲染过程中，如果发现窗帘过于反光，可以修改其漫反射的倍增值，如图 5-28 所示。

# 第 5 章　AI 辅助场景渲染

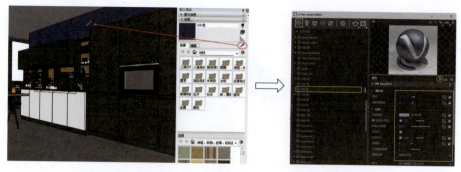

图 5-27

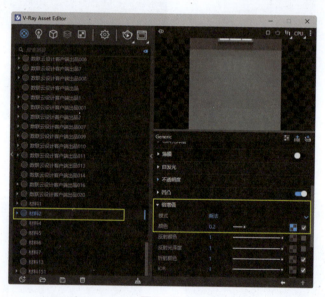

图 5-28

## 5.2.2　渲染及效果图处理

上一小节完成了创建场景与布光，本小节接着进行渐进式渲染。渲染后在【V-Ray Frame Buffer】窗口中进行效果图处理。

1. 在【渲染工具】下拉列表中单击【使用 V-Ray 渲染】按钮，在弹出的【V-Ray Frame Buffer】窗口的菜单栏中选择【视图】/【显示颜色空间】/【Gamma 2.2】命令，初期渲染效果如图 5-29 所示。

2. 在【图层】选项卡中，对"曝光"图层下的【属性】面板的选项及参数予以适当调整，如图 5-30 所示。

3. 单击【创建图层】按钮，创建"色彩平衡"图层，在该图层下的【属性】面板中设置色彩平衡选项及参数，如图 5-31 所示。

5.2　V-Ray 渲染应用案例

图 5-29

图 5-30

图 5-31

4. 单击【创建图层】按钮 创建"电影色调映射"图层，在该图层下的【属性】

面板中设置电影色调选项及参数，如图 5-32 所示。

图 5-32

5. 保存图片。至此，完成了对室内厨房的渲染操作。最终的室内厨房渲染效果如图 5-33 所示。

图 5-33

## ■ 5.3 AI 场景渲染

AI 场景渲染是利用 AI 技术对虚拟场景进行高保真的渲染和合成，从而生成逼真、自然的视觉效果。通过深度学习等 AI 算法，可以实现自动化、高度可控的场景渲染，并能够大幅提高内容创作效率。

下面介绍几款基于 SketchUp 的 AI 场景渲染工具。

### 5.3.1 ArkoAI 场景渲染

ArkoAI 是由 ArkoAI 公司推出的一款 AI 工具。ArkoAI 能够在 SketchUp 中对建筑模型、室内设计模型进行实时的渲染，得到类似真实场景的效果图，也可为基于

BIM 的建筑设计方案提供资料。

ArkoAI 也是一款多用途的 AI 辅助设计工具，可与 SketchUp 和 Revit 等软件交互。下面介绍利用 ArkoAI 实时渲染的操作流程。

【例 5-1】利用 ArkoAI 实时渲染。

1. 首先进入 ArkoAI 官方网站，首页如图 5-34 所示。

图 5-34

> 提示：ArkoAI 官方网站默认语言为英文，可用浏览器中的中文翻译插件（如谷歌翻译）将英文译为中文。

2. 单击【免费试用】按钮进入分类页面，然后选择 SketchUp 与 ArkoAI 的交互插件并下载，如图 5-35 所示。

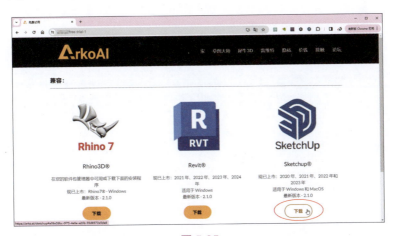

图 5-35

> 提示：ArkoAI 并不是完全免费使用，而是试用，试用期不限，但限制渲染的次数，即免费渲染 30 次。

3. 下载插件程序 ArkoAI-SketchUp-2.1.0.msi 后，双击该插件程序进行默认安装，如图 5-36 所示。

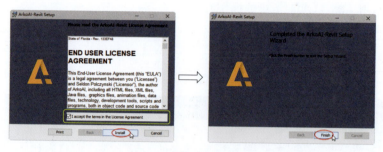

图 5-36

4. 启动 SketchUp 2024，在主页界面中选择【建筑-毫米】模板，如图 5-37 所示。

图 5-37

在 SketchUp 2024 工作界面中，已经能够看见安装成功的 ArkoAI 工具，如图 5-38 所示。

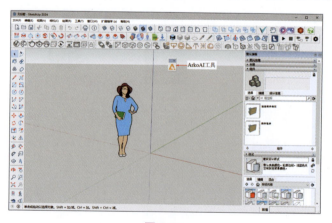

图 5-38

5. 打开本例源文件夹中的"酒店建筑.skp"文件，如图 5-39 所示。

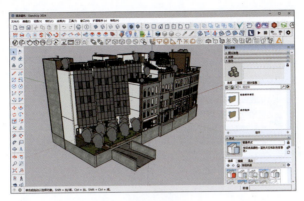

图 5-39

6. 在绘图区中通过旋转、平移及缩放等操作，将模型的视图角度调整好，然后在默认面板的【场景】卷展栏中单击【添加场景】按钮 ⊕，创建场景视图，如图 5-40 所示。

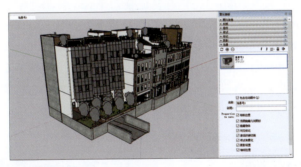

图 5-40

7. 单击【Start】按钮 Ⓐ，启动 ArkoAI 插件程序。如果用户有 ArkoAI 账号，可直接输入账号与密码登录；如果是新用户，须单击【Sign Up】按钮进入 ArkoAI 官方网站注册一个账号，如图 5-41 所示。

> 提示：建议用 Gmail 邮箱或 Outlook 邮箱来注册，以避免注册失败。

8. 成功注册账号后登录 ArkoAI。登录后会显示当前 SketchUp 中创建的场景视图，如图 5-42 所示。

> 提示：ArkoAI 有两种模式：Basic 和 Pro。前者是基础版本，后者是高级版本。在【Discipline】列表中可以选择场景类型，比如选择【Architecture】场景类型。在【Words or Positive prompts（正向提示词）】文本框中可输入一些关键的提示词，在【Negative prompts（反向提示词）】文本框中可输入不希望效果图中出现的情况，比如画质差、噪点多等。在【Send】文本框中可输入种子数，值越大，图像精度越高。

# 第 5 章 AI 辅助场景渲染

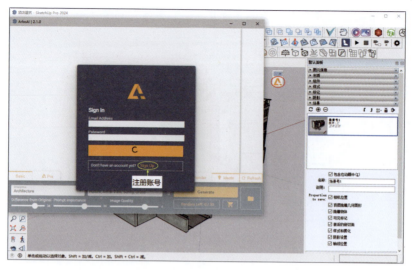

图 5-41

9. 由于本例是试用 ArkoAI，目前只能使用 Basic 版本。对于样例项目的效果图，可在【Words or Positive prompts】文本框中输入"Urban Architecture, Luxury Finishes, Mid-Century Modern, Luxury Hotels, Plants, Sunshine, Clear skies, white clouds, cityscape, masterpiece, best quality（城市建筑，豪华装修，中世纪现代，高级酒店，植物，阳光，晴朗的天空，白云，城市景观，杰作，最佳质量）"，最后单击【Generate】按钮，自动生成效果图，如图 5-43 所示。

图 5-42

图 5-43

10. 可以看出试用版的渲染效果不是很理想，而且也没有场景布置功能，除非升级到 Pro 版本。在右下角单击■按钮，可找到 ArkoAI 自动保存的图像文件，如图 5-44 所示。

## 5.3 AI 场景渲染

图 5-44

### 5.3.2 Veras 智能渲染

Veras 是一款 AI 驱动的可视化工具，适用于 SketchUp、Revit、Rhino 和 Web 等软件或平台，可利用用户的基础模型来激发创造力和灵感。

Veras 主要有以下 3 大功能。

**一、几何覆盖滑块**

Veras 的几何覆盖滑块功能非常强大，能让用户在 3D 建模时既精准又充满创意。无论用户是建筑师、设计师，还是仅热衷于 3D 建模，Veras 都能用精确的细节和丰富的想象力打造出理想的项目，如图 5-45 所示。

图 5-45

**二、渲染选择**

Veras 的渲染选择功能以全新的方式制作、定制并完善图像的每个细节，其操作也很简单，仅需选取图像的一部分，用新的提示词重新定义愿景，随后进行渲染即可。

**三、渲染种子**

通过 Veras 的【Render from Same Seed（从同一种子渲染）】功能，可以获得前所未有的设计一致性和创意探索。利用相同的种子作为起点，同时引入全新的文本提示，以保持渲染效果的一致性和创造性。

下面演示利用 Veras 进行场景渲染的操作流程。

【例 5-2】利用 Veras 进行场景渲染。

1. 进入 Veras 官方网站，使用邮箱注册账号。Veras 试用次数为 30 次，试用结束需要付费才能继续使用。

2. 下载 Windows 版插件程序，该插件程序可同时在 SketchUp、Revit 和 Rhino 软件中使用，如图 5-46 所示。

图 5-46

3. 下载 EvolveLAB_Veras_Setup.msi 插件程序后，双击插件程序进行默认安装。安装成功后，会在 SketchUp 中显示【EvolveLAB Veras】工具图标。

4. 在 SketchUp 中打开本例素材的源文件"现代豪华住宅.skp"，旋转视图调整好模型视角，如图 5-47 所示。

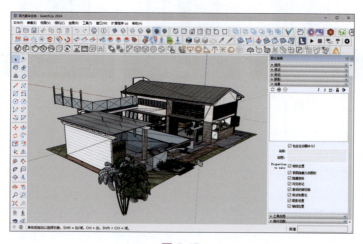

图 5-47

5. 单击【EvolveLAB Veras】按钮，弹出【EvolveLAB Veras-1.6.2.1】窗口，如图 5-48 所示。

图 5-48

6. 进入【EXPLORE（探索）】选项卡中，选择第一种建筑风格【Timber Autumn Realistic（木材秋季写实）】，保留其他选项设置，再单击【RENDER】按钮，自动完成渲染，结果如图 5-49 所示。

图 5-49

> **提示**：由于 AI 生成式图像具有不可重复性，所以每次的渲染效果都是不同的。

7. 切换到【COMPOSE（合成）】选项卡，稍微调整【Geometry Override（几

# 第5章 AI辅助场景渲染

何覆盖）】参数，输入提示词"Sea view room, wide view, sunny weather, modern style, wood and glass construction（海景房，视野宽阔，晴朗天气，现代风格，木质和玻璃结构）"，单击【RENDER】按钮进行渲染，结果如图5-50所示。

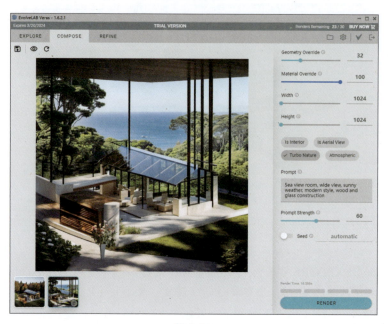

图 5-50

8. 切换到【REFINE（精细）】选项卡，在效果图上方单击 按钮。然后在效果图中绘制要精细化渲染的区域，消除提示词，输入新提示词"Bar, transparent glass wall（吧台，透明玻璃墙）"，直接单击【RENDER SELECTION（渲染选择）】按钮，为绘制的区域重新渲染，结果如图5-51所示。

图 5-51

9. 无须关闭【EvolveLAB Veras - 1.6.2.1】窗口。在SketchUp中调整模型视图，并创建名为"场景号1"的场景，如图5-52所示。

10. 在【EvolveLAB Veras - 1.6.2.1】窗口中切换到【EXPLORE】选项卡。单击

5.4 AI 生成式渲染

按钮和 C 按钮，关闭之前的建筑渲染视图，显示新创建的场景视图，如图 5-53 所示。

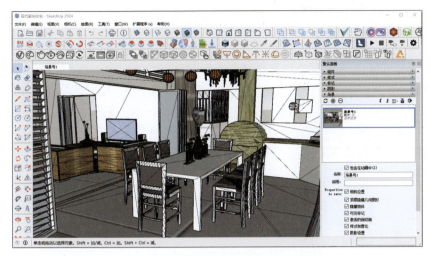

图 5-52

11. 在图形区右侧选择【Living Room - Keep Materials】风格，然后单击【RENDER】按钮进行渲染，结果如图 5-54 所示。

图 5-53

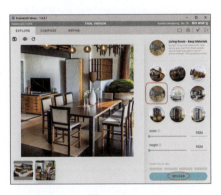

图 5-54

12. 至此，完成了场景渲染操作。关闭【EvolveLAB Veras - 1.6.2.1】窗口。

## 5.4  AI 生成式渲染

AI 生成式渲染工具并非一个真正的渲染器，它是根据用户提供的模型或图像进行 AI 算法后得到图像的渲染效果。用户无须提供材质、数据模型，只需提供简单的基础模型就可以进行生成式图像的创建。

AI 生成式渲染工具有很多，本节重点介绍一款基于 SketchUp 的 AI 生成式渲染工具——SUAPP AIR 灵感渲染。

## 5.4.1　AI 生成式渲染工具——SUAPP AIR 灵感渲染

SUAPP AIR 灵感渲染工具是已经调教好的 AI 图像算法工具，只需简单调节参数，便可以给用户提供设计灵感，并得到想要的"渲染图"，用以辅助推敲设计方案，提高前期方案阶段的效率。这款工具目前支持城市设计、建筑设计、景观设计、室内家装、室内公装、手工模型、手绘插画等渲染类型，也可以对模型初稿、手绘线稿、现场照片进行渲染出图。

> **提示**：只有在 SUAPP 插件官方网站中下载 SUAPP Pro 3.8 插件并付费购买永久会员之后，才能使用 SUAPP AIR 灵感渲染。新手用户可搜索并关注名为"AI 新纪元"的抖音号或快手号，扫码领取一个月的试用权限。

【例 5-3】下载与安装 SUAPP AIR 灵感渲染。

1. 在 SketchUp 2024 的菜单栏中选择【扩展程序】/【Extension Warehouse】命令，弹出【Extension Warehouse】对话框。

2. 在【Extension Warehouse】对话框的搜索栏中输入"AI"并搜索，稍后显示 SketchUp 插件搜索结果，如图 5-55 所示。

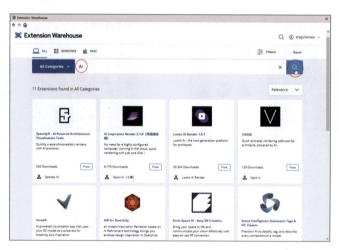

图 5-55

3. 在搜索结果中双击【AIR for SketchUp】插件，进入 AIR for SketchUp 插件详情页，单击【Install】按钮下载插件程序，如图 5-56 所示。最后关闭【Extension Warehouse】对话框。

4. 下载完成后系统会自动安装 AIR for SketchUp 插件，在 SketchUp 工作界面中会显示【SUAPP AIR 灵感渲染】工具图标，如图 5-57 所示。

图 5-56

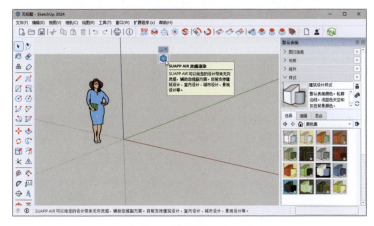

图 5-57

## 5.4.2　SUAPP AIR 灵感渲染应用案例

SUAPP AIR 灵感渲染具有以下功能。
- 辅助推敲方案。
- 提供设计灵感。
- 生成概念效果图。
- 生成效果图配景。
- 提供多种搭配方案。
- 提供项目改造思路。

SUAPP AIR 灵感渲染具有以下优势。
- 支持云端渲染：SUAPP AIR 灵感渲染不需要很高的计算机配置，能打开 SketchUp 就行。且在云端 GPU 服务器完成计算，不占用本地显存和内存空间。

- 渲染操作简单：SUAPP AIR 灵感渲染只有两个参数需要设置，容易上手。
- 渲染效果更稳定、可控：SUAPP AIR 灵感渲染出图更加符合建筑设计大行业的标准和需求。
- 不需要到处收集关键词：SUAPP AIR 灵感渲染只需选择渲染类型，出图效果超过一般水平。与目前大部分的 AI 产品主推"文生图"不同，SUAPP AIR 灵感渲染主要根据体块模型或者不是很完善的方案图纸，让 AI 寻找灵感并完善方案。
- 提供氛围参考图功能：SUAPP AIR 灵感渲染可以渲染各种风格，让 AI "指哪儿打哪儿"。
- 提供局部重绘功能：渲染图哪里不满意，就修改哪里。
- 提供照片辅助建模功能：渲染图发送到 SketchUp，SUAPP AIR 灵感渲染可以实现照片匹配辅助快速建模。
- 提供丰富的渲染类型：SUAPP AIR 灵感渲染目前已有 56 种渲染类型，500 多种渲染风格，还在持续增加。

下面演示 SUAPP AIR 灵感渲染如何进行建筑方案生成、室内装修设计方案生成、园林景观设计方案生成等。

【例 5-4】SUAPP AIR 灵感渲染生成创意建筑渲染效果。

1. 在 SketchUp 2024 中新建文件（选择"米"为单位的模板）并进入工作环境。
2. 单击【矩形】按钮 ，绘制 100m×70m 的建筑轮廓，如图 5-58 所示。
3. 单击【推/拉】按钮 ，将轮廓拉出 100m 的高度，如图 5-59 所示。

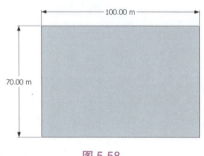
图 5-58

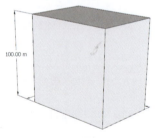
图 5-59

4. 单击【SUAPP AIR 灵感渲染】按钮 ，打开【SUAPP AIR 灵感渲染】窗口，然后单击【模型截图】按钮，以获取当前场景中的模型截图，如图 5-60 所示。
5. 随后【SUAPP AIR 灵感渲染】窗口显示场景模型的截图，在【渲染类型】下拉列表中选择所需建筑类型（办公建筑）和建筑风格（风格 01），如图 5-61 所示。
6. 在【SUAPP AIR 灵感渲染】窗口底部的【关键提示词】文本框中，按照设计需要输入相关的要求，比如输入一些渲染场景的基本要求，包括天气、时间、场地等。提示词之间须用逗号隔开。提示词输入完成后单击【渲染】按钮，如图 5-62 所示。

5.4 AI 生成式渲染

图 5-60

图 5-61

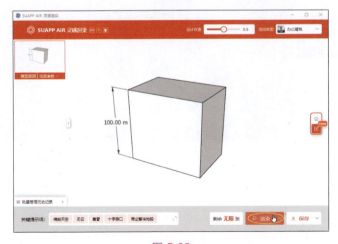

图 5-62

7. 随后SUAPP AIR 灵感渲染进行场景渲染，结果如图 5-63 所示。默认状态下，窗口中会显示渲染蒙版滑动条，拖动＜箭头和＞箭头可以改变渲染蒙版的位置。如果要完全展示渲染图像，可将渲染蒙版拖到窗口最右侧。图 5-64 所示为完全展示的渲染图像。

图 5-63

图 5-64

8. 如果对当前方案不满意，也可尝试改变建筑类型和建筑风格。图 5-65～图 5-67 所示分别为"中式建筑风格""别墅建筑风格""工业建筑风格"。

5.4 AI生成式渲染

图 5-65　　　　　　　　　图 5-66　　　　　　　　　图 5-67

9. 如果需要对局部区域进行重新渲染，或者消除不合理区域，可单击右侧工具栏中的【编辑模式】按钮 ，进入渲染编辑模式中，如图 5-68 所示。

图 5-68

10. 比如要消除天空中的云朵，单击编辑工具栏中的【魔法消除】按钮 ，对云朵进行涂抹，再单击编辑工具栏中的【渲染生成】按钮 ，即可完成云朵的消除，如图 5-69 所示。

图 5-69

11. 用户可以自行尝试编辑工具栏中的其他编辑功能。最后单击【保存】按钮，将渲染结果保存到本地文件夹中。

# 第 6 章　AI 辅助建筑方案设计

本章将详细介绍如何利用 AI 提升建筑设计的效率与质量。AI 能够助力设计师打造更具创新性和可持续性的建筑方案，并通过分析海量数据来预测并优化建筑设计的各个环节。通过学习本章内容，读者将深入理解 AI 在建筑设计中的实际应用及其潜在价值。

## 6.1　AI 辅助建筑方案设计概述

AI 辅助建筑方案设计是一种使用 AI 技术（或利用 AI 工具、插件）来优化和提高建筑设计效率和质量的方法。这种方法利用 AI 的算法和数据处理能力，可以快速生成多种设计方案，并通过对各方案的分析和比较，帮助设计师做出最佳的设计决策。

### 6.1.1　建筑方案设计内容

建筑方案设计是建筑设计过程中的关键阶段，包含以下内容。

**一、概念设计**

设计师会与业主讨论建筑项目的愿景、目标和需求，确定建筑项目的整体设计方向。设计师会提出创新的设计理念，并初步勾画出建筑的整体形态和功能布局。

**二、空间规划设计**

设计师会进行室内外空间的规划和布局设计，确定不同功能区域的位置和交通流线，确保功能分区合理、灵活。空间规划设计包括室内空间的大小、形状、结构，以及室外空间的景观设计等。

**三、建筑立面设计**

建筑立面设计是指建筑外立面的设计，包括建筑外墙的材料、造型、开窗方式等。设计师会根据建筑的功能和风格，设计出兼具美感和功能性的立面，体现设计理念和项目特色。

**四、结构设计**

结构设计是指建筑的结构系统设计，包括主体结构、基础结构等。设计师需要考虑建筑的承重和稳定性，同时尽可能减少结构的材料和成本，在保证安全的前提下实现设计的要求。

**五、设备系统设计**

设备系统设计包括建筑的暖通空调系统设计、供水排水系统设计、电力系统设计、照明系统设计等。设计师需要考虑设备系统的舒适性、节能性和可维护性，确保建筑物能够提供舒适的使用环境。

**六、可持续性设计**

现代建筑注重可持续性发展，设计师会考虑如何最大程度地减少能源消耗、节约资源、减少环境影响，包括能源利用效率、可再生能源应用、雨水收集利用等方面的设计。

**七、施工工艺设计**

设计师会考虑施工工艺的可行性和效率，设计出符合施工要求的工程方案，包括施工顺序、材料搭接、工艺细节等，确保设计方案能够顺利实施。

总之，设计师会根据具体建筑项目的需求和要求进行细化设计，以确保最终建筑物既符合功能需求，又具有美学和实用性。目前 AI 辅助设计还有局限性，在本章中仅对建筑规划设计、建筑立面设计和室内方案设计进行操作演示。

## 6.1.2 AI 辅助设计工具和插件

近年来，AI 辅助设计的工具和插件主要有以下几种。

**一、AI 大语言模型**

当用户在设计过程中需要了解相关设计信息或其他知识时，可以通过与 AI 对话，掌握最新的信息。此类工具中具有代表性的有 ChatGPT、通义千问、文心一言、Bard、Copilot 等，这类 AI 工具也被称为 AI 大语言模型。

除了语言文字交流功能，部分 AI 大语言模型还具备图像生成功能、视频生成功能、数据分析功能及 PPT 制作功能等。

**二、AI 图像生成大模型**

AI 图像生成大模型是一种利用 AI 技术，根据文本或其他输入，自动生成逼真的图像的模型。这类模型通常基于深度神经网络（如 Transformer、扩散模型）进行大规模的预训练和微调，以提高图像生成的质量和多样性。

AI 图像生成大模型的应用领域非常广泛，包括游戏与动画制作、教育等。它也可以与其他模态（如文本、音频、视频、3D 模型等）的生成模型结合，实现更丰富的创作效果。目前，知名的 AI 图像生成大模型主要有以下几个。

- Midjourney：是一款由 Leap Motion 开发的 AI 图像生成大模型，它可以根据用户输入的文字描述，自动生成逼真的图像。
- DALL·E 3：由 OpenAI 公司开发，能够根据文本描述生成相应的图像。

- Imagen：由谷歌开发，基于 Transformer 模型，能够利用预训练语言模型中的知识从文本生成图像。
- Stable Diffusion：由慕尼黑大学的 CompVis 小组开发，基于潜在扩散模型，能够通过在潜在表示空间中迭代去噪来生成图像。
- 通义万相：由阿里云开发的 AI 图像生成大模型，它可以根据用户输入的文字内容生成符合语义描述的不同风格的图像，或者根据用户输入的图像生成其他用途的图像。

### 三、应用于建筑项目方案设计的 AI 工具

目前，AI 在建筑方案设计阶段可用的工具不多，仅在项目背景分析、规划布局设计、立面设计与外观风格和室内空间设计等方面有一些 AI 工具可以使用。

- 概念设计阶段：在此阶段中，文字表述部分可用的包括 ChatGPT、文心一言、通义万相等 AI 大语言模型来自动生成。
- 建筑规划设计：在此阶段中，Stable Diffusion 可用于彩色总平面图设计、建筑线稿图设计、鸟瞰图设计等。在建筑效果图方面可使用的 AI 工具比较多，都是基于 Stable Diffusion 开发，有独立的网页端和 SketchUp 插件，比如 SUAPP AIR 灵感渲染。SUAPP AIR 灵感渲染不仅能够渲染图像，更是一款非常智能的 AI 建筑方案设计工具。

## 6.2 AI 辅助建筑规划设计

AI 在建筑规划设计中的应用正在改变这个行业。AI 可以自动完成一些烦琐的任务，比如设计草图、规划空间、维度计算等，从而节省设计师的时间，还可以帮助生成大量的设计方案，利用算法从中选出最优方案。

本节介绍一个国内 AI 辅助建筑设计的平台——AI 元技能。AI 元技能平台向用户免费开放，图 6-1 所示为 AI 元技能平台的首页。

AI 元技能平台基于 Stable Diffusion 大模型开发。Stable Diffusion 大模型是开源模型，能够在本地计算机中部署，但一般不支持个人计算机，需要服务器级别的主机，对 GPU 芯片的性能要求很高。在 Stable Diffusion 中，可以插入很多专业的 AI 训练模型，比如基于 LORA 技术的训练模型，支持训练适合自己的专业 AI 模型。

接下来介绍几款在 AI 元技能平台中的辅助建筑规划设计的 AI 训练模型，包括彩色总平面图的生成、手绘建筑线稿图的生成和鸟瞰图的设计。

图 6-1

## 6.2.1　AI 辅助生成彩色总平面图

总平面图在建筑规划设计中扮演着重要的角色，它是一种俯视图，展示了建筑物在水平平面上的布局。彩色渲染总平面图可以用来突出不同区域、功能或特征，使总平面图更生动、直观，进一步提高图形的可读性和表现力。

【例 6-1】AI 辅助生成彩色总平面图。

1. 进入 AI 元技能平台的首页。

2. 在首页的顶部选择【LORA 模型】分类标签，进入 LORA 模型的浏览页面，如图 6-2 所示。

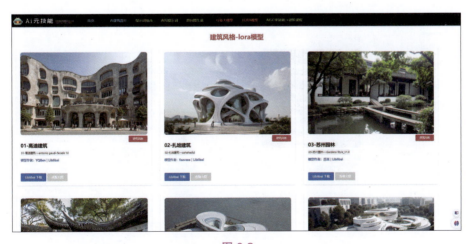

图 6-2

3. LORA 模型的浏览页面中有许多跟建筑设计、规划设计、室内设计等相关的

AI 训练模型。浏览到【总平面 -lora 模型】区域时，选中【01-AARG 总平面】AI 训练模型类型，如图 6-3 所示。

图 6-3

> **提示**：LORA 是一种基于适配器的有效微调模型的技术。其基本思想是设计一个低秩矩阵，然后将其添加到原始矩阵中。这种技术通常用于深度学习模型的微调过程中。LORA 模型指的是以 LORA 作为底层技术而训练的 AI 模型。

4. 随后进入 Liblib AI 网站。这个网站集模型发布、模型使用于一体。由于该网站是基于云服务器部署的，当用户每日用完免费的 300 点之后，须购买点数才能继续使用，如图 6-4 所示。

图 6-4

5. 用户初次使用 Liblib AI 网站的 AI 训练模型，需要使用手机号注册账户。在本例所选的 AI 训练模型中有一个示例模板，可以将这个模板的相关提示词和设置参数用在自己的图像生成中。在本例中，为了减少演示时间，直接使用示例中的原图进行操作。原图已经保存在本例源文件夹中。

6. 在图 6-4 中单击左图（渲染效果图），弹出该示例的参数信息面板，单击【一键生图】按钮，如图 6-5 所示。

图 6-5

7. 在弹出的一键填充生成信息面板中单击【一键填充】按钮，会将面板中的设置信息全部复制，并自动应用到新的渲染项目中，如图 6-6 所示。

图 6-6

8. 此时自动切换到 Stable Diffusion 大模型的 UI 界面中。这个 UI 界面并非 Stable Diffusion 的原生界面，而是经过 Python 代码修改而成，但具备全部功能，如图 6-7 所示。

# 第6章　AI 辅助建筑方案设计

图 6-7

9. 可看到界面中已经自动填写了相关的图像生成信息。用户可以根据项目的实际情况来编辑提示词（输入必须达到的目的）和反向提示词（输入不能出现的情况），以及下方的详细设置参数。首先在界面左上角的【CHECKPOINT】下拉列表中重新选择 GhostMix鬼混_V2.0.safetensors 基础模型，接着重新选择【采用方法】下拉列表中的【DDIM】选项，其他参数保持不变。

10. 单击【ControlNet（控制网络）】右侧的展开按钮 >，展开 ControlNet 的所有选项，接着将本例源文件夹中的"zpmt.png"文件拖放到图像原图区域中，如图 6-8 所示。

11. 在图片下方设置各项参数，如图 6-9 所示。

图 6-8

图 6-9

12. 单击【开始生图】按钮，自动完成总平面图的渲染，结果如图 6-10 所示。

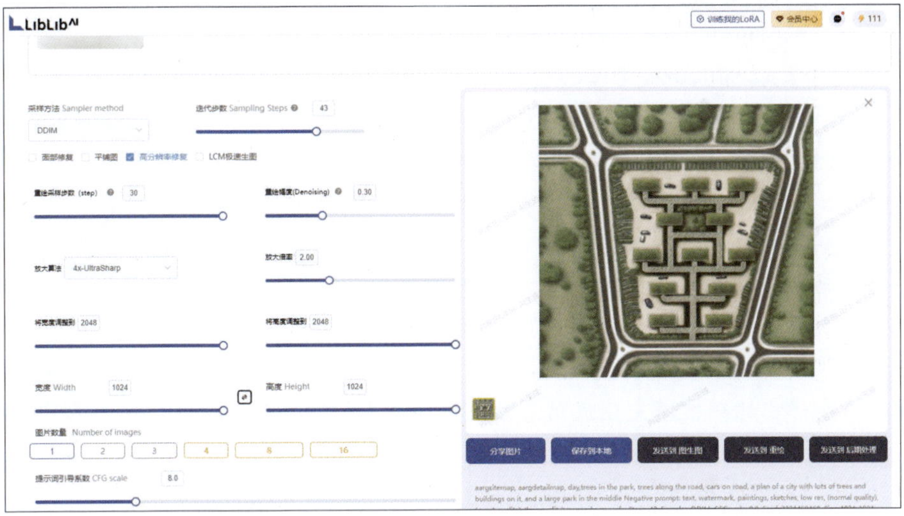

图 6-10

13. 如果需要其他效果，可通过修改条件参数重新生成，但耗费时间较长，这里不再赘述。单击【保存到本地】按钮，保存渲染效果图。

## 6.2.2　AI 辅助生成手绘建筑线稿图

在 AI 元技能平台中提供了 6 个用于手绘建筑线稿图的 AI 训练模型，包括两种手绘线稿图模式：手绘建筑线稿图和图片转建筑线稿图，如图 6-11 所示。

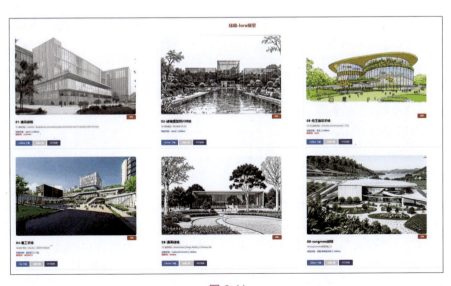

图 6-11

## 第6章 AI辅助建筑方案设计

以上6个AI训练模型分别代表了6种手绘线稿创建方式和风格。第1、2和5种为黑白色线稿AI训练模型，其余3种为彩色线稿AI训练模型。本例选择第3种，既可以生成黑白色线稿图，也可以生成彩色线稿图。下面介绍详细的操作步骤。

【例6-2】AI辅助生成手绘线稿图。

1. 在AI元技能平台首页的【LORA模型】分类标签的【线稿-lora模型】区域中，选择【03-老王建筑手绘】训练模型，进入Liblib AI网站。

2. 使用这个AI训练模型之前，先阅读一下模型作者的留言，特别留意"触发词"的使用，须在提示词文本框中输入"lwsh, pen and ink drawing"作为引导，否则将会自动生成彩色手绘线稿图。

3. 本次演示仍然以示例模板的参数作为生成手绘线稿图的基础参数，根据实际情况再微调局部参数。选中左侧示例图，在弹出的示例参数面板中单击【一键生图】按钮，再在弹出的一键填充生成信息面板中单击【一键填充】按钮，如图6-12所示。

图 6-12

4. 随后进入 Stable Diffusion 界面，在【Lora】选项卡中可以看到所选的AI训练模型已经在【我的模型库】列表中。

> **提示**：一般来讲，反向提示词都差不多，无须修改，仅按照自己的需求来修改提示词文本即可，但触发词不能删除（如果有触发词）。根据AI训练模型的作者留言中可知，黑白色的手绘线稿图需要触发词，而示例模型中没有"pen and ink drawing"这个触发词，所以需要在后面添加新的提示词。在AI元技能首页中单击顶部的【AI写提示词】分类选项，通过开通VIP付费使用【AI写提示词】功能，如图6-13所示。没有好的提示词，生成的效果是达不到用户要求的。

5. 接下来在提示词文本框中修改提示词，先删除"<lora:LWSH-V0.2:1>,"字符，再在提示词的最后添加"pen and ink drawing"触发词，接着输入新的提示词，可用中文，如"一幢建筑"，也可直接输入英文"a building"，如图6-14所示。

6. 如果输入的是中文，可单击提示词文本框右上角的【翻译为英文】按钮，自动将中文提示词更改为英文提示词。

6.2　AI辅助建筑规划设计

图 6-13

图 6-14

7. 在【CHECKPOINT】下拉列表中选择 AWPainting_v1.2.safetensors 基础模型，然后在【我的模型库】中选中【建筑手绘线稿_1.0】AI训练模型，其他选项及参数保持不变，单击【开始生图】按钮，自动生成铅笔画的手绘线稿图，如图 6-15 所示。

图 6-15

123

> **提示**：如果更改采样方法，比如在【采样方法】下拉列表中另选【Euler】，就会生成不同的风格。

8. 最后将图像文件保存到本地。

9. 如果要生成鲜艳的、彩色的手绘线稿图，可选择【线稿-lora模型】区域中的【04-崔工手绘】AI训练模型。操作方法跟本例的黑白色手绘线稿图方法是完全相同的，这里不再演示。

### 6.2.3 AI辅助鸟瞰图设计

鸟瞰图在建筑规划设计中有着重要作用，主要体现在以下几个方面。

- 整体布局与设计的评估：鸟瞰图为设计师和规划师提供了整体的视角，有助于他们更好地评估建筑物与周围环境的关系。通过俯瞰全貌，可以更好地进行整体布局设计，确保建筑物与周边景观、道路、绿化等元素协调一致。
- 空间关系的理解：鸟瞰图有助于设计师和规划师理解建筑物之间的空间关系，包括建筑物的距离、相对位置、连接通道等。这对于建筑群、城市区域或大型规划项目至关重要，有助于确保空间的合理利用和流畅连接。
- 交通与流线的规划：通过鸟瞰图，规划师可以更好地分析交通流线，包括道路、步行道、自行车道等，从而规划出更为便捷、高效的交通系统，提升整体交通运输体验。
- 地形与地貌的分析：鸟瞰图还可用于分析地形和地貌，包括地势高低、水域分布等。这对于选择合适的建筑场地、确定水系位置、考虑自然环境因素等方面非常重要。
- 项目的宣传与展示：鸟瞰图可用于项目宣传和展示，通过生动的俯瞰效果展示规划设计的魅力。这对于吸引投资、获取项目支持以及向公众传达设计意图都具有积极的影响。

在本小节中，仍将Stable Diffusion大模型作为AI工具进行介绍，下面简要介绍操作流程。

【例6-3】AI辅助鸟瞰图设计。

1. 在AI元技能平台首页的【LORA模型】分类标签的【鸟瞰-lora模型】区域中，选择【01-鸟瞰增强】AI训练模型，如图6-16所示。

> **提示**：【01-鸟瞰增强】AI训练模型是模型作者修改名字后的结果，该模型实际的名字为CHILLOUTMIX。

2. 进入Liblib AI网站，可见鸟瞰增强模型中有两个示例，它们用的训练模型是相同的。本例选择右图示例作为演示参考，如图6-17所示。

6.2 AI 辅助建筑规划设计

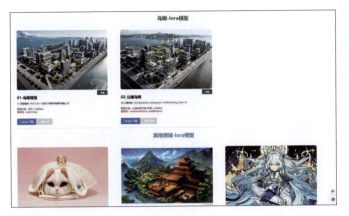

图 6-16

图 6-17

> **提示：** 如果用户自己能够输入提示词和设置参数，可直接单击【立即生图】按钮，这种方法业内称为"选择底模"或"使用底模"。

3. 在弹出的示例参数面板中单击【一键生图】按钮，再在弹出的一键填充生成信息面板中单击【一键填充】按钮，如图 6-18 所示。

4. 随后进入 Stable Diffusion 操作界面。鸟瞰图的提示词中，几乎每一个关键词都要用括号括起来，如果取消括号而直接输入关键词，最终效果是很不理想的，这就是该 AI 训练模型的特色。如果不创建鸟瞰图，可以不遵守这个规则。鸟瞰图的触发词是"Arial view"，每一次生成鸟瞰图，都要提前输入这个触发词，后面才跟着输入与城市布局、建筑风格、地形、天气、图像质量等相关的关键词。为了演示，本例仅采用示例的提示词，单击【开始生图】按钮，生成城市规划设计的鸟瞰图，如图 6-19 所示。

125

图 6-18

图 6-19

## 6.3 AI 辅助生成建筑效果图

本节将利用通义万相来生成建筑效果图,并利用 AI 工具扩图。

### 6.3.1 生成建筑效果图

通义万相是阿里云开发的 AI 图像生成大模型,它可以根据用户输入的文字内容,生成符合语义描述的不同风格的图像,或者根据用户输入的图像,生成不同用途的图像。

【例6-4】利用通义万相生成建筑效果图。

1. 进入通义万相官方网站首页,如图6-20所示。

图 6-20

2. 初次使用通义万相需要注册账号。单击首页左下角的【立即登录】按钮,弹出的注册页面如图6-21所示。

图 6-21

3. 注册账号后可在首页界面的左侧边栏中单击【文字作画】按钮,弹出通义万相的文字作画的操作界面,如图6-22所示。通义万相的使用方法非常简单,只需在【文字作画】面板中设置好创作模型、提示词、创意模板、参考图、图像尺寸比例等,即可生成图像。

图 6-22

4. 本例将生成中国南方农村风格的建筑。选择【万相2.0 极速】创作模型，并在提示词文本框中输入"农房，村庄，中国南方农村，远景，破旧房屋，土坯房，庭院，无人，庄稼，植物，晴朗的天气，田野，门前溪流，门前小河，流淌的水，鱼儿，现实，特写"。

> **提示**：在通意万相中，提示词的规则比较简单，只需按照用户的想法输入即可。用户可以使用【智能扩写】功能将输入的文字智能扩写，以获得更高质量和创意的图像效果。还可以使用【咒语书】功能在提示词文本框中添加用于表达渲染效果的提示词。

5. 在【比例】选项区中有5种图像比例：1∶1、16∶9、9∶16、4∶3和3∶4，保留默认的1∶1的图像比例。最后单击【生成画作】按钮，自行生成图像，如图6-23所示。从图中可见，生成的效果非常好，可与高清拍摄的相片相媲美，完全符合提示词的基本要求。

图 6-23

6.3 AI 辅助生成建筑效果图

> **提示：** 若要生成现实场景的图像，就不能使用创意模板，创意模板是用来生成漫画、卡通、插画、油画、中国画、简笔画、剪纸、玻璃、瓷器等风格的图像。

6. 单击其中一幅图像以查看大图，如图 6-24 所示。

图 6-24

7. 接下来重新输入提示词"艺术建筑，造型新颖独特，地中海风情，超级艺术感，晴朗的天空，海边，沙滩，游玩的人"，单击【生成画作】按钮，生成的图像效果如图 6-25 所示。

图 6-25

8. 再次输入提示词"传统，苏州园林，旧，水，池，白墙，窗，门，黑瓦，植物，庭院，阳光明媚，近景，超写实，超高清画质"，单击【生成画作】按钮，自动生成效果图，如图 6-26 所示。

129

图 6-26

9. 如果要保存效果图，可将鼠标指针移动至要保存的图像位置，在弹出的工具菜单中单击下载按钮 ，可选择【有水印下载】和【无水印下载】方式，选择其中一种下载方式后，即可将图像下载到本地文件夹中，如图 6-27 所示。

图 6-27

## 6.3.2 AI 扩展图像

虽然通义万相的 AI 生成功能十分强大，但存在一个严重缺点：图像显示不完整。如果想看见更多的景象，就需要利用 AI 工具将图像进行扩展。下面介绍一款免费的 AI 扩展图像工具——Photoshop 的 StartAI 插件。

可在 Photoshop 中使用 StartAI 工具对图像进行线稿上色、效果图生成、局部重绘、扩展、高清修复、背景移除、抠除等操作。接下来介绍 StartAI 插件的使用方法。

> **提示**：StartAI 插件要配合 Photoshop 使用，因此先安装 Adobe Photoshop 2024。StartAI 插件在使用前需要注册账号，注册时请输入邀请码 "caSvvv"。

【例 6-5】AI 图像扩展。

1. StartAI 插件的安装文件可以从 StartAI 官方网站中免费下载，如图 6-28 所示。

图 6-28

2. 下载并安装 StartAI 插件后，双击桌面上的【StartAI】图标，启动 StartAI 插件面板，同时会自动启动 Photoshop 2024，如图 6-29 所示。

图 6-29

3. 在 Photoshop 2024 主页界面中单击【打开】按钮，从本例源文件夹中打开"农村建筑 .png"图像文件。此图像文件是通过通义万相生成建筑效果图后保存的文件，如图 6-30 所示。

图 6-30

4. 在 Photoshop 2024 的工具栏中单击【矩形选框工具】按钮，然后绘制一个矩形框（与图像文件的边框大小相等或略小），如图 6-31 所示。

图 6-31

5. 绘制矩形选框后，在 StartAI 插件面板的【AI 功能】下拉列表中选择【扩图 V1】选项，单击【开始扩图】按钮，如图 6-32 所示。

图 6-32

6. 随后打开 StartAI 的【扩图】面板，图像预览区中会显示剪裁边框，拖动剪裁边框可以改变扩图区域，如图 6-33 所示。

7. 可以为扩图输入【正面】或【负面】提示词（仅输入英文提示词），也可不输入。再单击【立即生成】按钮，如图 6-34 所示。如果要生成多张扩图，可选择【生成数量】的值，生成扩图数量的最大值为 10。

6.3 AI 辅助生成建筑效果图

图 6-33

图 6-34

8. StartAI 生成图像后，单击【插入图层】按钮，如图 6-35 所示，可将图像插入 Photoshop 中，并单独生成一个图层。

图 6-35

9. 在 Photoshop 中可查看原图（矩形选择框内的部分）和扩展后的图像对比，如图 6-36 所示。从图中可见，扩展后的图像相比原图更有意境。

图 6-36

10. 最后将图像保存。

133

## 6.4 AI 辅助室内设计

借助 AI 技术，室内设计师可以为客户提供更为高效的设计服务，比如在施工现场为客户演示用 AI 生成的各种设计方案，从而迅速响应并满足客户的基本需求。

辅助室内设计的 AI 工具有很多，但大多收费昂贵，不利于初学者学习。接下来我们利用 AI 元技能平台中的 AI 训练模型介绍如何生成室内装修效果图。

制作室内装修效果图有两种方式：一种是设计师在现场勘察后手绘出装修线稿图，再利用 AI 工具将线稿图进行渲染；另一种是直接利用 AI 工具将现场拍摄的照片进行渲染。下面介绍详细的操作过程。

【例 6-6】AI 辅助室内装修效果图设计。

1. 在 AI 元技能平台首页中，单击顶部的【行业大模型】分类标签，然后选择【AARG_Siteplan_Render 彩色真实总图】模型，如图 6-37 所示。

图 6-37

> **提示**：这个模型就是前文中生成彩色总平面图时的 AI 模型。

2. 进入 Liblib AI 网站，选择示例中的左图，如图 6-38 所示。

图 6-38

3. 在弹出的参数信息面板中单击【一键生图】按钮，如图 6-39 所示。

图 6-39

4. 在弹出的一键填充生成信息面板中单击【一键填充】按钮，会将面板中的设置信息全部复制，并自动应用到新的渲染项目中，如图 6-40 所示。随后自动切换到 Stable Diffusion 大模型的 UI 界面，如图 6-41 所示。

图 6-40

图 6-41

5. 在【我的模型库】列表中选中【AARG_Siteplan_Render 彩色真实总图】模型，然后将提示词全部删除，并重新输入一个触发词"Interior"，紧接着根据要装修的房间类型输入提示词，比如"现代、简约风格、客厅、白天、轻奢"等，然后单击提示词文本框右上角的【翻译为英文】按钮，将中文翻译为英文，如图 6-42 所示。

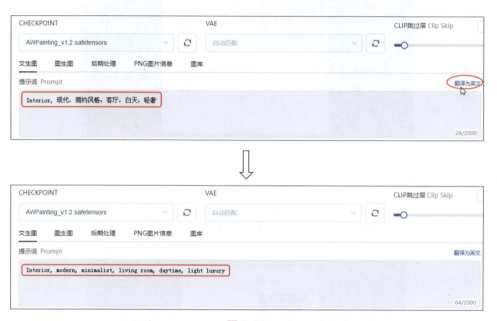

图 6-42

6. 在【采样方法】下拉列表中选择【DPM++ SDE Karras】选项，其他参数保持不变。在底部展开【ControlNet】选项组，在本例源文件夹中导入"Interior-1.jpg"图像文件，再在下方勾选【启用】复选框，保留 ControlNet 的参数不变，如图 6-43 所示。

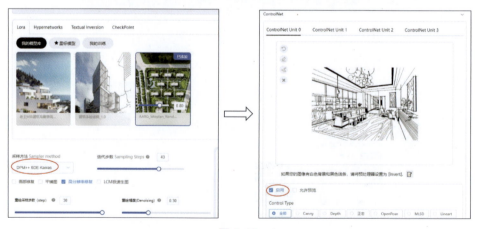

图 6-43

7. 单击【开始生图】按钮，自动生成室内装修效果图。图6-44所示为原图和效果图的对比。

图6-44

8. 若要生成其他装修风格，如在提示词中修改"现代，简约风格"为"地中海装修风格"，再增加两个关键词"蓝色海洋，白色地砖"，装修效果如图6-45所示。

图6-45

9. 同理，继续输入其他室内装修风格的提示词，直到生成满意的装修方案为止。这里不再赘述。

10. 接下来使用手机或相机拍摄的室内毛坯房图片进行装修效果图的生成操作。删除之前的线稿图片，上传本例源文件夹中的"Interior-2.jpg"图像文件，如图6-46所示。

11. 其他选项和参数暂不作更改，单击【开始生图】按钮进行图像生成操作，结果如图6-47所示。

图 6-46

图 6-47

12. 从图 6-47 可以看出，原图中有一条装修工人用的板凳影响了最终的效果图，可利用 AI 工具进行清除处理。本例使用百度 AI 图片助手的【涂抹消除】功能来消除板凳，如图 6-48 所示。涂抹消除的效果如图 6-49 所示。

图 6-48

图 6-49

13. 将修改后的图像文件保存到本地。然后在 Liblib AI 中重新上传修改后的图像文件，再修改提示词，增加一些家居摆设的提示词，并更改反向提示词，如图 6-50 所示。

图 6-50

14. 重新生成效果图，如图 6-51 所示。从结果看，效果还是很不错的，如果需要得到更好的装修效果，可尝试微调一些参数，有时会得到意想不到的效果。

图 6-51

# 第 7 章  AI 辅助建筑模型设计

本章将深入探讨 AI 在建筑模型设计中的辅助作用，包括如何利用 AI 技术改进和优化建筑设计流程，以及 AI 技术如何帮助建筑师和设计师提升效率和创新性。此外，本章也将讨论 AI 如何改变建筑行业的未来，并且通过实例探讨 AI 在实际建筑项目中的应用。

## 7.1 AI 辅助 SketchUp 建筑设计概述

在 SketchUp 中，将 AI 技术用于建筑和项目设计，可以显著提高生产力、创造力和效率。下面介绍 AI 在 SketchUp 中的作用，以及 SketchUp 环境中的一些 AI 工具和插件。

### 一、AI 在 SketchUp 中的作用

结合 SketchUp，AI 有以下作用。

（1）辅助设计。

- 生成式设计：AI 算法可以根据用户设定的特定参数（如尺寸、朝向和材料）生成多种设计方案。这对于快速探索不同设计选项特别有用。
- 自动化 3D 建模：如 ChatGPT、DALL-E、Midjourney 或 Stable Diffusion 等 AI 工具，虽然不直接集成到 SketchUp 中，但可以通过云平台生成概念视觉效果，这些视觉效果可以激发用户使用 SketchUp 设计的灵感或被转换成 SketchUp 模型。

（2）性能分析。

- 能源分析：AI 可以预测和分析 SketchUp 中建筑设计的能源性能。例如，Sefaira 插件使用 AI 提供有关能源使用、热舒适度和日光分析的见解，帮助设计师做出更明智的选择。
- 结构分析：启用 AI 工具可以分析在 SketchUp 中创建的模型的结构完整性，提供有关材料利用效率和潜在结构问题的反馈。

（3）工作流程优化。

- 模型优化：AI 可以对 3D 模型的优化提供建议，以降低模型的复杂性，同时保持视觉保真度，还可以改善渲染和仿真的性能。

- 自动化文档生成：AI 插件可以帮助用户自动从 SketchUp 模型生成详细的报告、材料清单和成本估算，从而节省大量时间。此类 AI 工具须使用 SketchUp 的 Ruby API 进行编程，可以开发自定义的脚本和工具，从模型中提取几何数据、计算量和生成报告。

## 二、AI 工具和插件

以下是 SketchUp 中一些使用 AI 技术的工具和插件。这些工具和插件可以用于能源和日光分析、3D 城市和景观设计自动生成以及跨平台协作等，帮助设计师提高设计效率和质量。

- Sefaira：该插件在 SketchUp 中提供实时能源和日光分析，并使用 AI 提供可操作的反馈。
- Hypar：该工具从 2D 地图自动生成详细的 3D 城市和景观设计，利用 AI 解释地图数据并将其转换为 3D 模型。
- Trimble Connect：Trimble Connect 虽然不是纯粹的 AI 工具，但它促进了不同平台之间的协作，并可以集成 AI 驱动的分析，用于项目管理。

## 三、SketchUp 中 AI 插件的展望

在未来，我们预计将在 SketchUp 中看到更多针对特定设计任务的 AI 插件，这些插件将进一步提高设计师的工作效率，并提供更高质量的设计结果。

- 生成纹理和材料的 AI 插件：高级 AI 插件可以根据描述或参考图像生成更真实的纹理和材料，并直接用于 SketchUp 模型。
- 语音控制设计的 AI 插件：未来的集成可能包括 AI 驱动的语音识别，使设计师能够通过语音命令创建和修改模型。
- 预测设计的 AI 插件：AI 可能会预测用户需求并实时自动调整模型，且基于大量建筑设计数据集提供设计改进建议。
- 优化结构的 AI 插件：这种插件可以自动优化建筑的结构设计，以提高其稳定性和效率。它可以模拟各种可能的结构方案，然后选择最优的方案。这样一来，设计师就可以确保他们设计的建筑不仅美观，而且结构稳定和可靠。
- 优化能源效率的 AI 插件：这种插件可以自动模拟和优化建筑的能源使用。它可以考虑各种因素，如建筑的绝缘效果、设备的能源效率、使用的能源类型等，然后提供最节能的解决方案。这样一来，设计师就可以设计出更加环保和节能的建筑。
- 评估环境影响的 AI 插件：这种插件可以自动评估建筑设计对环境的影响。它可以考虑各种因素，如材料的生产和处置过程、建筑的能源使用、建筑的生命周期等，然后提供对环境影响最小的设计方案。这样一来，设计师就可以确保他们设计的建筑既美观又对环境友好。

虽然 SketchUp 中的直接 AI 集成仍在发展中，但 AI 革新建筑师和设计师使用 SketchUp 的方式的潜力是巨大的。通过利用 AI 驱动的工具和插件，用户可以增强他们的设计过程，从初始概念到详细的性能分析，使设计更加可持续、高效，并符合客户需求。随着 AI 技术的持续进步，我们可以期待更多创新工具的出现，它们会进一步将 AI 技术整合到 SketchUp 生态系统中。

## 7.2 基于生成式 AI 的 3D 模型设计

AI 生成 3D 模型是指使用 AI 技术自动生成 3D 模型或 3D 场景的过程。表现形式有文生模型、图生模型、模型生模型和视频生模型 4 种。

- 基于文本的 3D 模型生成：这种方法通过自然语言描述来生成相应的 3D 模型或 3D 场景。该方法利用自然语言处理（Natural Language Processing，NLP）技术理解语义，并转换为 3D 视觉内容。
- 基于图像的 3D 模型生成：从 2D 图像中恢复出 3D 模型是计算机视觉的典型问题。这种方法可以扫描图像中的物体和场景，生成数字 3D 内容。该方法利用深度学习模型进行图像理解，实现 3D 模型生成。
- 基于模型的 3D 模型重建：这是一种计算机视觉和图形学领域的技术，它使用预定义的模型作为参考，从数据（通常是图像或点云）中重建 3D 形状。这种方法通常假设被重建的物体或场景可以用一组已知的模型来表示或近似。
- 基于视频的 3D 建模：这是一种利用视频序列来构建模型或 3D 场景的技术。这种方法可以提供比单张图像更丰富的信息，因为它结合了多个视角以及时间连续性的数据。

下面针对前 3 种表现形式进行介绍。

### 7.2.1 基于文本的 3D 模型生成——Sloyd AI

Sloyd AI 是一款典型的文生模型和使用文本修改模型的智能化模型创建工具。该工具可生成诸如航空航天、武器、建筑（包括景观构件）、室内家具、道具等模型。

【例 7-1】利用 Sloyd AI 快速生成建筑模型。

1. 首先进入 Sloyd AI 的官方网站首页。为了方便讲解，本例将原英文网页使用谷歌网页翻译器进行了中文翻译。

> **提示：** 以 360 极速浏览器为例，在窗口顶部单击【扩展程序】 按钮，再选择【更多扩展】命令，在打开的【扩展程序】页面中搜索"Google 翻译助手"，然后安装扩展程序即可。如果要翻译网页，在打开的英文网页中单击弹出的【翻译】按钮，或者右键选择【谷歌翻译助手】/【开启/关闭整页翻译】命令。

## 7.2 基于生成式 AI 的 3D 模型设计

2. 初次使用 Sloyd AI，需要在官方网站首页右上角单击【报名】按钮，如图 7-1 所示。

图 7-1

3. 用户使用国内邮箱注册成功后，登录 Sloyd AI 主页，如图 7-2 所示。主页显示了 6 个 AI 模块，分别是【科幻】、【军队】、【城市的】、【中世纪】、【家具】和【模块化的】。

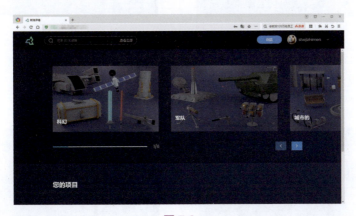

图 7-2

4. 在【城市的】AI 模块中选择【建造】类型，进入【建造】浏览界面。用户可以选择任何一个模型，然后修改文本对这个模型进行修改。如选择"公寓楼"模型，再单击【在编辑器中打开】按钮，如图 7-3 所示。

5. 随后进入 Sloyd AI 的模型编辑界面。模型的修改包括通过文本指令来修改和通过单击功能按钮来修改两种方式。通过文本指令（即提示词）来修改模型，可修改模型的尺寸和构件的数量。由于 Sloyd AI 文本功能存在缺陷，暂无法使用文本修改模型功能。此时可单击【随机发生器】按钮来生成新模型，如图 7-4 所示。

6. 接着在属性面板中依次单击【标准屋顶】、【山墙屋顶】、【老虎窗屋顶】及【双

143

背】或【单背】按钮来修改模型。图7-5所示为单击【老虎窗屋顶】按钮和【单背】按钮后的结果。

图 7-3

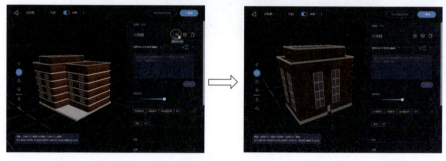

图 7-4

7. 接下来可在【古怪】、【方面】、【屋顶】、【视窗】和【门】卷展栏中拖动滑块来精细化地修改模型。比如在【视窗】卷展栏中修改窗户的高度、宽度和窗型等，如图7-6所示。

图 7-5

图 7-6

8. 建筑模型修改完成后，单击【导出选定的内容】按钮，选择OBJ文件格式或GLB文件格式并单击【确认】按钮将模型导出，如图7-7所示。

9. 如果不通过模型库的模型来生成或修改，用户也可由文本直接生成建筑模型。在Sloyd AI主页中单击【创造】按钮，如图7-8所示。

10. 在随后弹出的网页中单击【添加对象】按钮，添加一个空白对象。随后进入模型编辑界面,如图 7-9 所示。

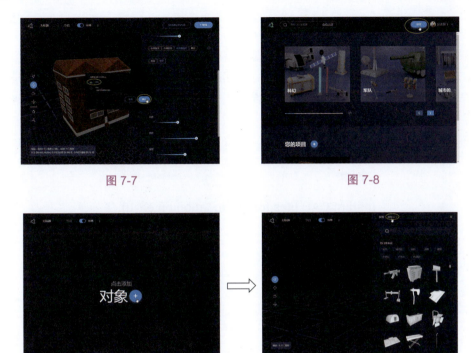

图 7-7　　　　　　　　　　　　　　图 7-8

图 7-9

11. 在属性面板的顶部单击【AI 提示】按钮进入【AI 提示】选项卡。系统提示若用提示词来生成模型,仅能生成武器、建筑物、家具和道具这 4 种模型,不能生成人物、动物和场景模型。在提示词文本框中输入"sofas"(沙发),单击【创造】按钮,自动生成沙发模型,如图 7-10 所示。

> **提示**:提示词只能输入英文,否则不能正确生成所需模型,图 7-11 所示为输入中文"沙发"后生成的模型,与所需的模型差异巨大。

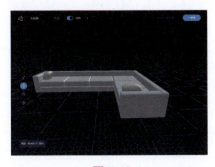

图 7-10　　　　　　　　　　　　　　图 7-11

12. 最后将沙发模型导出。

## 7.2.2 基于图像的 3D 模型生成——CADMAPPER

CADMAPPER 是一款利用地图数据快速建立简易 3D 模型的强大工具，可生成 CAD 图纸、SketchUp 模型、Rhino 模型和 Illustrator 模型等。CADMAPPER 也是一款在线设计平台，需要联网才能完成设计工作。CADMAPPER 的官方网站首页如图 7-12 所示。

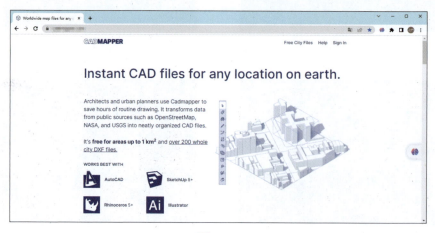

图 7-12

CADMAPPER 可以免费使用并可下载模型文件。但也有一定限制，首先是用户的浏览器能打开全球定位系统（Global Positioning System，GPS），其次是只能免费下载局部地图所生成的模型，面积越大、收费越贵。为什么本小节会介绍使用 CADMAPPER 软件呢？因为它除了免费使用，还可以参照一些高层建筑的外形来设计所需的建筑。如果做城市规划设计，更可以利用它来完成大规模的建筑群和地理规划设计。

如果使用 CADMAPPER，首先需要注册一个账号。在网站首页的右上角单击【Sign In】按钮，如果已经创建了账号，可直接登录并进入设计界面，如图 7-13 所示。

使用 CADMAPPER 需要地图数据，如果不能使用网络实时查看地图，就下载离线的地图文件。单击设计界面顶部的【Free City Files】按钮，进入免费地图文件下载页面，寻找自己所在的城市或者能免费下载的城市地图。

接下来以案例的形式介绍如何利用 CADMAPPER 生成所需的建筑白模型。白模型就是以简单形状来表达建筑的原型。

【例 7-2】利用 CADMAPPER 生成建筑白模型。

1. 进入 CADMAPPER 设计界面。
2. 在设计界面的左侧选择【SketchUp 2015+】选项，表示可生成 SketchUp 2015

## 7.2 基于生成式AI的3D模型设计

及以上版本的通用模型，如图7-14所示。

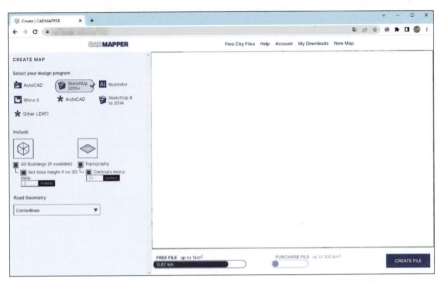

图7-13

3. 接着设置【3D Buildings(if available)（3D建筑（如果可用））】选项和【Topography（地形）】选项，如图7-15所示。

图7-14　　　　　　　　　　　图7-15

> **提示**：如果用户知道该建筑的建筑高度可以直接输入，否则可以假定一个高度。如果不设置高度，CADMAPPER生成的建筑高度只有默认的3m。我们假定建筑高度为100m（最高100m），即30～40层楼。如果城市是平原，就不设置【Topography】选项，采用默认值即可。如果城市是山地地形，可设置【Contours every】的值为1～10m，这样所获得的地形更精确。

4. 在设计界面的左侧，【Road Geometry（道路几何）】的选项设置采用默认值"Centerlines（中心线）"。在设计界面的右侧是地图设置区域，本例我们假定城市为成都，在地图搜索栏中输入"chengdu"，如图7-16所示。

5. 在地图设置区域中有一个矩形选取框，可拖动角点来改变其大小。这个选取框也是地图建筑模型生成的区域。如果要生成多栋建筑，可在选取框最大范围地显

147

示地图，但这样就增加了模型下载费用；如果是单栋或少数几栋建筑，可将地图放到最大，直至显示要创建的建筑范围。这里调整为仅显示一栋建筑的范围，如图 7-17 所示。

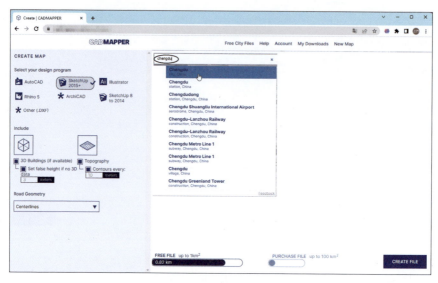

图 7-16

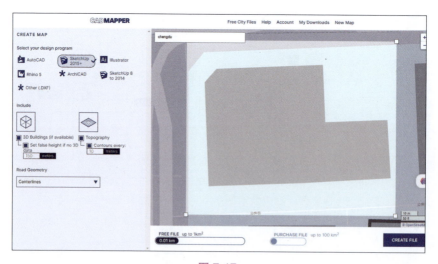

图 7-17

6. 调整后单击设计界面右下角的【CREATE FILE（创建文件）】按钮，CADMAPPER 自动生成建筑模型。

7. 单击【DOWNLOAD】按钮下载模型，如图 7-18 所示。

7.2 基于生成式 AI 的 3D 模型设计

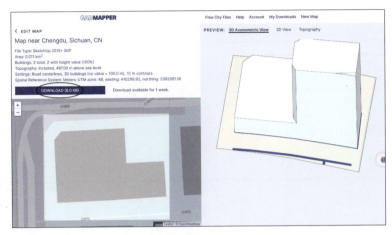

图 7-18

### 7.2.3 基于模型的 3D 模型重建——Magiz

Magiz 是一款能够生成并快速修改建筑模型的工具，仅针对组件模型产生效果，如图 7-19 所示。Magiz 在 SketchUp 中以插件形式存在，易学易用。

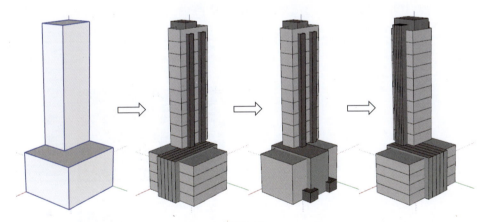

图 7-19

接下来继续上一小节的案例，将 CADMAPPER 生成的白模型，一键生成所需的建筑模型，并可修改模型，选择最优方案。

【例 7-3】使用 Magiz 创建和修改建筑模型。

1. 在上一小节的案例中，从 CADMAPPER 下载的文件是 ZIP 格式的压缩文件，须解压文件才能得到 SKP 模型文件。再通过 SketchUp 打开模型文件，如图 7-20 所示。

2. 接下来安装 Magiz 插件。在 SketchUp 中选择菜单栏中的【扩展程序】/【Extension Warehouse】命令，打开插件管理器。在插件管理器的搜索栏中输入"magiz"

搜索该插件，搜索到插件后将其选中，如图 7-21 所示。

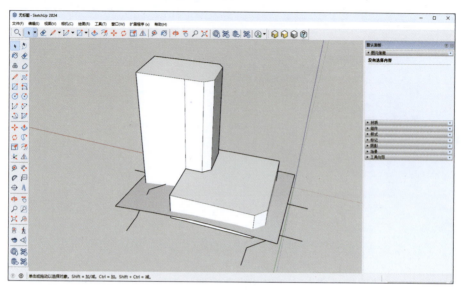

图 7-20

3. 单击【Install】按钮进行安装，如图 7-22 所示。

图 7-21

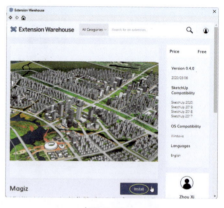

图 7-22

4. 成功安装插件后，SketchUp 的绘图区中会显示 Magiz 插件的【Magiz】工具条，如图 7-23 所示。

5. 载入的模型是一个组件，双击组件进入编辑状态。然后按住 Ctrl 键选择要创建建筑结构的两个对象，再单击【Transform All】按钮自动生成建筑结构模型，如图 7-24 所示。

6. 如果对自动创建的模型不满意，可手动修改模型。如删除一些面和线条，再单击【Transform All】按钮完成自动修改，如图 7-25 所示。

## 7.3 基于 Hypar 的 BIM 建筑设计

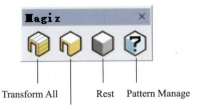

图 7-23

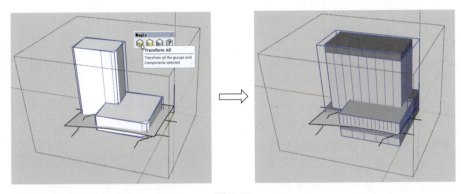

图 7-24

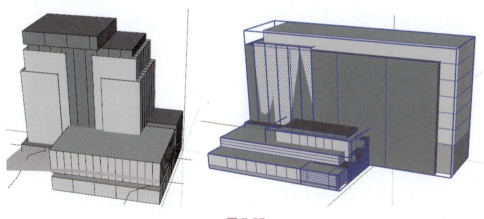

图 7-25

7. 通过修改模型，选择一个最好的模型方案，最后将结果保存。

## 7.3 基于 Hypar 的 BIM 建筑设计

Hypar 是一个基于云的 AI 平台，旨在促进建筑、工程和施工领域的设计自动化和协作。它提供了一个可以执行、共享和协作设计逻辑的空间。Hypar 的基础功能是免费的，用户只需注册账号即可使用。

Hypar 可以进行基于 BIM 的建筑、结构与规划设计。Hypar 不仅设计功能强大，还能借助与 ChatGPT 类似的大语言模型进行生成式设计。

### 7.3.1　Hypar 云平台简介

Hypar 云平台是一个先进的 BIM 建筑设计平台，它利用云计算技术、AI 技术和自动化技术来优化 BIM 建筑设计流程。

**一、Hypar 云平台的功能及其应用**

（1）设计自动化。

Hypar 云平台允许设计流程自动化，能够根据指定的逻辑和标准快速生成多个设计迭代，这一过程通常称为"选项优化"。

Hypar 云平台支持用 Python 和 C# 语言执行代码，快速创建可在计算机或移动设备上以 3D 形式预览的设计和分析数据。例如，塔式发电机的设计自动化，Hypar 云平台能够将模型创建和分析时间从几周缩短到几分钟。

（2）实时协作。

Hypar 云平台通过在设计工作流程中引入实时协作功能，对设计过程进行了优化，从而提升了设计人员协同作业的效率，有效克服了以往孤立工作模式所带来的局限性。

Hypar 云平台创建了一个促进合作的环境，在此环境中，任何对设计方案的调整都能即时共享并持续保存，进而推动设计质量的不断提升。

（3）生成式设计。

Hypar 云平台支持生成式设计，通过基于一系列变量来测试"假设"的场景，从而辅助早期的概念开发。该平台利用 AI 技术，能够将描述建筑物的文字信息转化为具体的量化建筑模型。

（4）集成和互操作。

Hypar 云平台正在探索与 Autodesk Forge Revit Design Automation API（一个基于云的开发平台，专用于在云端自动化和处理 Revit 模型的设计任务）的集成。通过这种集成，基于 Hypar 的设计可以无缝导入 Revit 中，从而支持更详尽的工作流程。目前，该功能仍处于原型阶段，但预计其正式推出后将受到广泛欢迎。

（5）社区与分享。

Hypar 云平台拥有自己的社区，用户可以通过 GitHub、Twitter、Instagram、LinkdIn、Discord、YouTube 等社交平台分享或出售第三方算法，还可邀请其他设计人员到 Hypar 云平台中共同参与设计。

（6）易于使用。

Hypar 云平台旨在简化项目的创建、编辑和分发过程，使用户无须具备 Web 开发

## 7.3 基于 Hypar 的 BIM 建筑设计

技能即可操作。

### 二、Hypar 云平台的账号注册与登录

在 Hypar 云平台中注册账号时，网页语言为英文，用户可以使用网页翻译器将英文翻译为中文。为便于初学者学习，下面介绍的 Hypar 云平台账号注册流程是经过翻译处理的网页内容。

1. 打开 Hypar 云平台的官方网站后会弹出账号登录与注册页面，如果用户已有 Hypar 账号、Google 账号或 SSO 账号，可直接登录 Hypar 云平台，而新用户则需要在注册对话框的底部单击【Sign up（注册）】按钮进行注册，如图 7-26 所示。

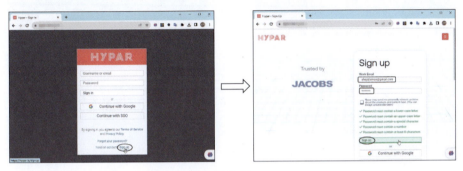

图 7-26

> **提示**：注册用的邮箱包括国内邮箱和国外邮箱，建议使用国内的网易邮箱或 QQ 邮箱进行注册。注册成功后还需要进入注册邮箱单击网页链接以激活 Hypar 账号。另外，利用网页翻译器将 Hypar 云平台的英文网页翻译为中文网页之后，某些功能选项及命令翻译得不够精准，会相应地给与提示和修正。

2. 账号注册完成并成功登录 Hypar 云平台后，会弹出【空间规划设置】对话框，需要按照 Hypar 的提示来选择一个类型选项开始设计，例如选择【我想从头开始画】选项，单击【下一个】按钮后，根据项目设计要求按【您想如何开始？】的提示来选择【单层】选项或【多层】选项，选择【多层】选项并单击【下一个】按钮，如图 7-27 所示，随后打开 Hypar 云平台的工作界面。

> **提示**：如果存在已有模型，可选择其他选项开始设计。

### 三、Hypar 云平台的工作界面

Hypar 云平台的工作界面包含 5 个功能区域，如图 7-28 所示。

- ❶标题栏：软件标题、账号、咨询管理及菜单栏的存放区域。一般情况下，菜单栏自动隐藏，须单击标题栏左侧的软件图标H才能展开。
- ❷左边栏：左边栏是软件功能菜单栏，等同于功能区选项卡。左边栏分上、下两部分，上为功能菜单，下为环境设置菜单。例如，当选择【意见】功能命令后，会显示【意见】面板。图 7-29 所示为【意见】面板、【工作流程】面板、

【函数库】面板、【输出】面板和【特性】面板。

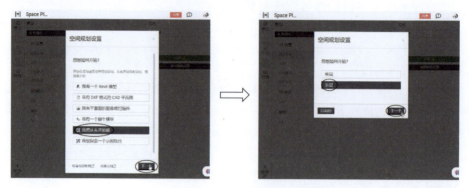

图 7-27

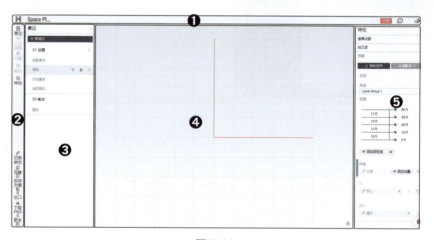

图 7-28

图 7-29

- ❸【意见】面板:"意见"可译为"视图"。此面板显示视图管理功能。默认有【01 设置】和【02 输出】两个视图选项，可以根据设计需要单击【新观点】按钮来增加新视图选项。

- ❹绘图区：绘图区可预览模型结果。
- ❺【特性】面板："特性"可译为"属性"。【特性】面板中有 3 个选项区，包括【查看设置】选项区、【能见度】选项区和【操作】选项区。【查看设置】选项区主要用于视图操作、视图背景和云平台的环境设置；【能见度】选项区用于模型对象的可见性设置；【操作】选项区用于项目操作与修改。【特性】面板是通过在左边栏中选择【特性】命令来显示和关闭的。

### 7.3.2　Hypar 云平台的基本操作

本小节介绍 Hypar 云平台中辅助建模功能的常见操作，包括文件管理、视图操作和环境配置等。

**一、文件管理**

在标题栏左侧单击 图标展开 Hypar 菜单栏，在菜单栏中选择【文件】命令，可展开文件管理工具菜单，如图 7-30 所示。

若要查看工作流程，可在菜单栏中选择【查看所有工作流程】命令，在弹出的【您的工作流程】对话框中选择要查看的工作流程，如图 7-31 所示。

图 7-30

图 7-31

> 提示：工作流程就是项目的设计流程和完整的模型信息，即 BIM 项目。

【文件】菜单中各命令的含义如下。

- 【新的工作流程】：执行此命令可创建一个新的项目文件。
- 【新功能】：执行此命令可查看 Hypar 云平台升级后推出的新功能。
- 【共享工作流程】：执行此命令可将当前项目分享给平台的其他用户。
- 【克隆工作流程】：执行此命令将当前项目复制一份，然后进行新的任务，或者更改设计。此命令的功能和左边栏下方的环境配置菜单中的【克隆】命令的功能完全相同。
- 【打开快照】：执行此命令可创建和预览快照，如图 7-32 所示。
- 【当前单位：英制】：表示当前的项目设计单位是"英制"，可执行此命令切换项目设计单位为"公制"。
- 【出口】：可译为"导出"。执行此命令可将当前项目导出为 JSON、gLTF、IFC 等格式的文件，如图 7-33 所示。

图 7-32

图 7-33

- 【删除工作流程】：执行此命令可将当前项目删除。

## 二、视图操作

Hypar 云平台的视图操作工具在【特性】面板的【查看设置】选项组（或称卷展栏）中，如图 7-34 所示。

- 【缩放至合适大小】按钮：如果视图被无限放大或缩放至极小时，可单击此按钮来恢复最初的适应视图。
- 【措施】按钮：'措施'可译为"测量"。用于测量元素之间的直线距离，如图 7-35 所示。

图 7-34

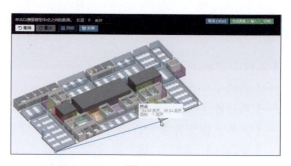

图 7-35

- 【视图方式】列表：在【视图方式】列表中包括【正字法】和【看法】两种视图方式，【正字法】是平行视图方式，【看法】是透视图方式。
- 【标准视图】列表：在该列表中有 6 种标准视图，分别是【3D】、【顶部】、【北】、【南】、【东方】和【西方】。
- 【网格显示】列表：在该列表中包括【隐藏网格】和【显示网格】两种网格显示方式，用于控制绘图背景的网格显示与隐藏。
- 【背景】列表：包括 背景 纯白色背景、背景 黑白渐进色背景和 背景 蓝白渐进色背景 3 种。
- 【环境】列表：包括 环境（晴天环境）和 环境（阴雨天环境）两种。
- 【设置裁剪框】按钮：利用此工具可裁剪模型视图，保留部分视图以便查看，如图 7-36 所示。

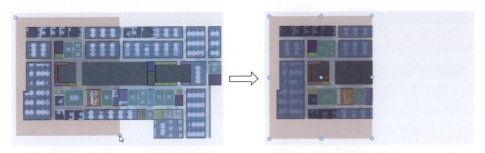

图 7-36

- 【演练】按钮：单击此按钮可进入演练模式。此模式是设置室内观察者的位置或视角，便于查看模型内部（室内）的布局，如图 7-37 所示。

图 7-37

- 【重置视图】按钮：单击此按钮可恢复 3D 视图到初始状态。
- 【保存视图】按钮：单击此按钮可保存用户自定义的视图，便于后续设计中随时调用。

当视图切换为 3D 视图时，可以用鼠标按键来操控视图。

## 第 7 章　AI 辅助建筑模型设计

- 左键：按住左键可旋转视图。
- 中建：滚动鼠标滚轮可缩放视图。
- 右键：按住右键可平移视图。

### 三、环境配置

在左边栏下方的环境设置菜单中，部分命令与文件管理工具菜单中的命令相同。下面仅介绍不同的命令。

- 【下载 PNG】：将当前工作流程中的视图图像导出为 PNG 文件，供用户下载。
- 【更多的】：单击此按钮将收拢环境配置菜单。反之，要展开环境配置菜单，再单击此按钮。

### 四、Hypar 函数与函数库

【函数库】面板中的函数库是 Hypar 核心建模的函数库，在【函数库】面板中每添加一个函数（工具指令），Hypar 就会自动完成设计，创建过程无须人工干涉。自动完成设计后，添加的函数会显示在【工作流程】面板中，用户可在【工作流程】面板中设置属性选项及参数以完成项目的设计。

Hypar 函数库中的函数有数百个，想要通过搜索引擎去寻找合适的函数是非常困难的，除非用户对 Hypar 云平台的工作流程非常熟悉。由于 Hypar 函数库中的函数是按照顺序或层级关系自动排列的，所以用户也能凭借这一规则轻易地调取所需的函数。

（1）按顺序关系排列的函数。

在初始的 Hypar 函数库中，函数会按照项目创建的先后顺序进行排列。图 7-38 所示为【函数库】面板的中英文对照图，从图中不难看出，通过网页翻译器进行翻译的结果不太准确。部分函数的网页翻译和人工翻译对照如表 7-1 所示。

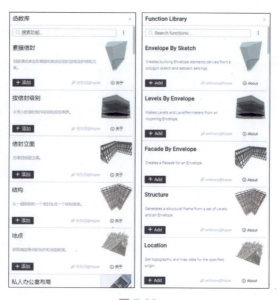

图 7-38

## 7.3 基于 Hypar 的 BIM 建筑设计

表 7-1

| 函数 | 网页翻译 | 人工翻译 |
|---|---|---|
| Envelope By Sketch | 素描信封 | 草图包络体 |
| Levels By Envelope | 按信封级别 | 按包络分楼层 |
| Facade By Envelope | 信封立面 | 包络外墙面 |
| Structure | 结构 | 结构 |
| Location | 地点 | 地理位置 |
| Private Office Layout | 私人办公室布局 | 布置个人办公室 |
| Workplace Metrics | 工作场所指标 | 工作场地指标 |
| Open Office Layout | 开放式办公室布局 | 布置开放式办公室 |
| Reception Layout | 接待处布局 | 布置接待室 |
| Pantry Layout | 食品储藏室布局 | 布置食物储藏室 |
| Lounge Layout | 休息室布局 | 布置休息室 |
| Classroom Layout | 教室布置 | 布置教室 |
| Phone Booth Layout | 电话亭布局 | 布置电话亭 |
| Meeting Room Layout | 会议室布局 | 布置会议室 |
| Open Collaboration Layout | 开放协作布局 | 布置室内摆设 |
| Floors By Levels | 楼层数 | 楼层地板 |
| Interior Partitions | 室内隔断 | 室内隔断 |
| Zone Diagram | 区域图 | 分区图 |
| Space Planning Zones | 空间规划区 | 空间规划分区 |
| Grid | 网格 | 轴网 |
| Circulation | 循环 | 单层走廊 |
| Define Program Requirements | 定义计划要求 | 定义项目要求 |
| Envelope By Site | 信封按站点 | 按站点边界包络 |
| Core | 核 | 核心筒 |
| Core By Levels | 核心级别 | 层级核心筒 |
| Core By Envelope | 核心信封 | 核心筒草图 |
| Bays | 海湾 | 托架 |
| Roof | 屋顶 | 屋顶 |
| Simple Levels By Envelope | 按信封划分的简单级别 | 按包络简分层 |
| Space Planning | 空间规划 | 单层空间功能布局 |
| Levels From Floors | 楼层的水平 | 层间板 |
| Conceptual Mass | 概念质量 | 概念体量 |

续表

| 函数 | 网页翻译 | 人工翻译 |
|---|---|---|
| View Radius | 观察半径 | 视野半径 |
| Floors By Sketch | 楼层草图 | 楼层草图 |
| Floors | 楼层 | 楼层 |
| Space Planning | 空间规划 | 总体空间功能布局 |
| Columns By Floors | 按楼层列数 | 按楼层建柱 |
| Tower Developer | 塔楼开发商 | 塔楼开发 |
| JSON To Model | JSON 到模型 | JSON 到模型 |
| Envelope By Centerline | 按中心线的包络线 | 按中心线创建围护 |
| Schematic Cladding | 包层示意图 | 包络示意图 |
| Hypar AI:Minxed Use | Hypar AI：混合用途 | Hypar AI：混合使用 |
| Enclosure | 外壳 | 围护 |
| Vertical Circulation | 垂直循环 | 直升电梯 |
| Unit Layout | 单位布局 | 户型布置 |
| Circulation | 循环 | 总体走廊 |
| Facade Grid By Levels | 立面网格 | 按层级创建网格包络 |
| Edge Display | 边缘显示 | 边缘显示 |
| Levels | 级别 | 项目层级 |
| Hypar AI | 海帕人工智能 | Hypar 人工智能 |
| Make Hypar | 使海帕 | 创建 Hypar |
| Site by Sketch | 网站草图 | 场地草图 |
| Residential Units | 住宅单位 | 住宅单元 |

> **提示**：有些函数的名称相同，但功能不同，这是 Hypar 云平台不够严谨，请注意。另外，在下面的内容介绍和相关操作中，仍然以网页翻译器翻译的工具名称进行叙述。

（2）按层级关系排列的函数。

在项目设计过程中，当用户调取的函数为逻辑分层的父级函数（也称父级指令）时，Hypar 云平台会自动执行该函数来创建对象，并且在函数库中会自动显示与父级函数相关的多个次级函数（也称次级指令）。例如添加【Location（地点）】函数，这是制定项目计划阶段中的重要工作，该函数就是父级函数。添加【Location】函数的效果如图 7-39 所示。

> **提示**：所谓"逻辑分层"，是依据 Hypar 设计自动化的工作流程以及创建模型单元的先后顺序，对函数之间的隶属关系进行定义。

## 7.3 基于 Hypar 的 BIM 建筑设计

如果调取的函数不是父级函数，那么在【工作流程】面板中将会显示 ⓘ 图标，表明该函数缺失父级函数。

例如添加【Structure（结构）】函数后，【工作流程】面板中显示 ⓘ 图标，单击此图标会弹出"如果没有提供托架，则需要级别。"的提示，如图 7-40 所示。

当用户对 Hypar 函数的层级关系不是很了解时，极有可能添加了次级函数，此时可在【函数库】面板中单击搜索框右侧的 ⋮ 按钮，会显示【建议功能】复选框，勾选此复选框，将显示与次级函数相关联的所有父级函数，如图 7-41 所示，再选择其中一个父级函数以添加到【工作流程】面板中，可解决层级问题。

> ↳ **提示**：当用户按照工作流程正确创建函数层级时，在【函数库】面板中勾选【建议功能】复选框只会显示该父级函数的次级函数，如图 7-42 所示。若是在项目创建过程中越过了父级函数而直接选择了次级函数，勾选【建议功能】复选框后，函数库中只会显示该次级函数的父级函数，而不会显示其三级指令函数（子函数）。一般情况下，【建议功能】复选框默认勾选。

图 7-39

图 7-40

> ↳ **提示**：函数的调用与创建的项目有关。如果从外部载入一个项目，就不需要在项目中创建模型了，此时只需利用 AI 技术对其进行编辑和更改，所调用的函数也只与编辑和更改有关，比如调取【Hypar AI：混合用途】函数对模型进行 AI 修改。如果是一个从头开始的新项目，那就要从函数库中调用父级函数、次级函数和子函数，完成项目的工作流程。

图 7-41　　　　　　　　　　　　　　图 7-42

### 7.3.3　基于 Hypar 的 BIM 建筑设计案例

本小节以实战案例来详解在 Hypar 云平台中 AI 辅助 BIM 建筑设计的全流程。该流程分 4 步：创建新的工作流程、创建建筑模型、Hypar AI 混合设计和项目导出。

接下来分别以"新建项目"方式和"利用模板"方式来介绍 BIM 建筑设计的流程。

**一、以"新建项目"方式进行 BIM 建筑设计**

【例 7-4】新建项目进行 BIM 建筑设计。

1. 登录 Hypar 官方网站。在弹出的【新的工作流程】对话框中选择【新的空白工作流程】项目，如图 7-43 所示。随后进入 Hypar 云平台，默认工作界面如图 7-44 所示，界面中会自动显示【函数库】面板。

图 7-43　　　　　　　　　　　　　　图 7-44

2. 在标题栏中设置项目名称，将默认项目名称"Untitled Workflow"改为"办公高层建筑"，如图 7-45 所示。

3. 在左边栏的环境配置菜单中单击【切换单位】按钮，将英制单位切换为公制单位。

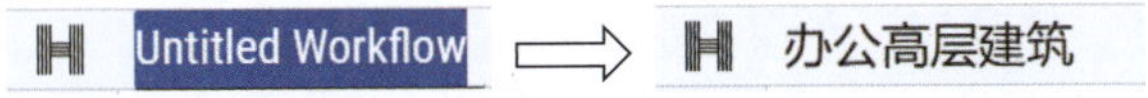

7.3 基于 Hypar 的 BIM 建筑设计

图 7-45

4. 在函数库中将【地点】函数添加到【工作流程】面板中，此时绘图区载入一块预设地块，用于规划设计。在【地点】选项卡中设置选项，地理位置中将显示地块所在范围内的所有建筑模型，如图 7-46 所示。

> **提示**：函数库中的函数比较多，用户可通过搜索功能来查找所需函数。搜索时必须输入函数的英文字符，可输入函数的第 1 个或前 2 个字符进行查找。

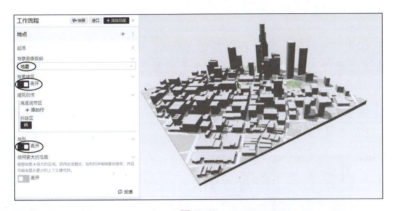

图 7-46

5. 在区域地块中找一块没有建筑的空地（调整好视图），准备设计建筑物。如果所选的地块区域中没有空地，可在【地点】选项卡的【背景建筑】选项组中单击【拆除区】的【画】按钮（原文为 Draw，可译为"绘制"），接着绘制拆除区域，用于放置新的建筑物，如图 7-47 所示。

图 7-47

6. 创建体量模型。将【素描信封】函数添加到【工作流程】面板中（后续简述为"工作流程中"），然后单击【素描信封】选项卡中的【画】按钮，在弹出的【编辑周边几何图形】绘图环境中绘制建筑物的边界图形，完成后单击【节省】按钮（原文为 Save，可译为"保存"），如图 7-48 所示。

7. 返回【素描信封】选项卡，设置【建筑高度】和【基础深度】，系统自动更新模型，如图 7-49 所示。

图 7-48　　　　　　　　　　　　　图 7-49

8. 完成体量模型的创建后，再为其创建轴网。添加【网格】函数到工作流程中，系统会依据体量模型而自动创建轴网。在【网格】选项卡中可修改轴网参数，如图 7-50 所示。

9. 将【按信封级别】函数添加到工作流程中，然后在【按信封级别】选项卡中修改参数，如图 7-51 所示。

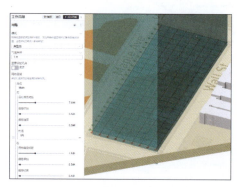

图 7-50　　　　　　　　　　　　　图 7-51

> **提示**：【按信封级别】的意思是，通过已有的包络（也是体量模型）来创建楼层，一般用于标准层的高层建筑。如果楼层高度不一致，可调用【按信封划分的简单级别】函数加以修改。

10. 如果是钢筋混凝土结构的建筑，可将【核】函数添加到工作流程中，创建混凝土结构的核心筒（电梯与结构楼梯等会设计在核心筒中），如图 7-52 所示。也可以用【核心信封】函数来绘制核心筒横截面。

11. 将【楼层数】函数和【按楼层列数】函数依次添加到工作流程中，系统自动创建楼层结构楼板和结构柱，如图 7-53 所示。

12. 添加【信封立面】函数到工作流程中，系统自动创建外墙面的玻璃幕墙，如图7-54所示。

图 7-52

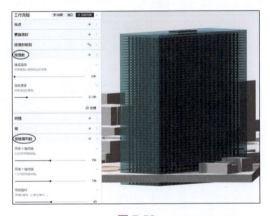

图 7-53

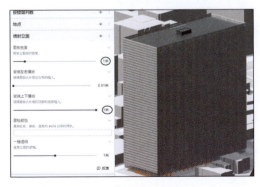

图 7-54

13. 添加【屋顶】函数到工作流程中，系统自动创建屋顶，如图7-55所示。

14. 添加【垂直循环】函数来创建直升电梯。方法是放置电梯的定位点，结果如图7-56所示。

图 7-55

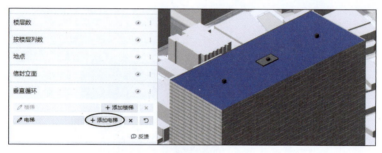

图 7-56

15. 鉴于篇幅限制，不再对楼层中的房间布局、室内摆设等进行操作。将当前的项目另存为模板，便于重复使用。

16. 将结果导出 SketchUp 能载入的 gLTF 格式文件。在菜单栏中选择【文件】/【出口】/【gLTF】命令，将模型导出，如图 7-57 所示。

图 7-57

17. 在 SketchUp 中打开模型，如图 7-58 所示。
18. 使用 SUAPP AIP 灵感渲染工具渲染整个模型，结果如图 7-59 所示。

7.3 基于 Hypar 的 BIM 建筑设计

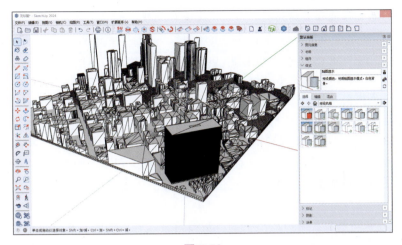

图 7-58

图 7-59

## 二、以"利用模板"方式进行 BIM 建筑设计

以"利用模板"方式进行 BIM 建筑设计，可利用 Hypar 云平台内置的 AI 大语言模型来生成模型。模板中的视图和工作流程是固定的，用户只需按照工作流程操作即可完成模型设计。

【例 7-5】利用模板进行 BIM 建筑设计。

1. 在【新的工作流程】对话框中选择【Hypar AI- 混合用途】模板进入 Hypar 云平台，在左边栏的环境配置菜单中单击【切换单位】按钮，将英制单位切换为公制单位。

2. 此时可看到绘图区中已经有一个示例模型。操作 AI 工具进行建模有两种方法：第一种方法是利用 AI 直接编辑示例模型；第二种方法是删除示例模型，再按照模板中已有的工作流程重建模型。为了简化操作流程，本例选择第一种方法。

3. 在悬浮于绘图区右边的【尝试下面的提示！】对话框中，提示词文本框内有"A four story parking podium with retail on the ground floor. There is a 5-story u-shaped residential tower above."字样，如图 7-60 所示。这是 Hypar 的提示词，其模型生成方式是"文生模型"，与 CSM、Meshy 等 AI 模型的功能类似。

4. 【尝试下面的提示！】对话框功能是通过函数库中的【Hypar AI-混合用途】函数来完成的，Hypar 的提示词可以是英文或者中文。在提示词文本框中输入"地下层有四层停车场裙楼，地上一层和二层为商业门店。商业门店上面是 10 层高的 L 型公寓楼。公寓楼四周收缩 4 米形成露台。"或者在【特性】面板的【行动】选项区中输入提示词。

5. 输入提示词后在绘图区中单击，AI 将自动生成新的 BIM 建筑模型，如图 7-61 所示。

图 7-60

图 7-61

> **提示**：除了利用 AI 生成或修改模型，还可通过编辑工作流程中的函数来修改模型。

6. 若需改变占地面积，可在【工作流程】面板的【网站草图】函数中选择【地点】选项，在【编辑或绘制新的站点元素】窗口中修改建筑模型的草图，如图 7-62 所示。

7.3 基于 Hypar 的 BIM 建筑设计

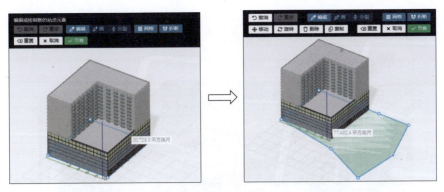

图 7-62

7. BIM 建筑模型设计完成的结果如图 7-63 所示，将结果导出为 gLTF 文件。

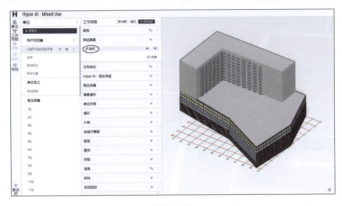

图 7-63

8. 将步骤 7 导出的结果文件导入 SketchUp，如图 7-64 所示。使用 SUAPP AIR 灵感渲染工具渲染整个模型，结果如图 7-65 所示。

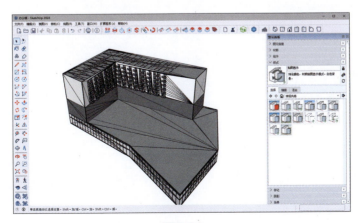

图 7-64

图 7-65